展讀文化出版集團
flywings.com.tw

珍藏本草 ㉒

食物本草

文興出版事業

出版序

「本草」一詞係指中國古代介紹藥物之書籍，因以植物藥居多，故得此名。本公司「珍藏本草」系列叢書，向來以介紹現代實用性藥草爲主軸，圖文並茂的呈現方式，頗受中醫藥界好評。爲使本系列更加完整，同時發揚我國固有傳統醫學之博大精深，自第廿一冊起，本公司彙整中國歷代以來著名中醫本草典籍，陸續發行，除了提升本系列書籍珍藏價值之外，我們更朝著使本系列成爲一套盡覽古今藥草的本草百科而努力。

明代《食物本草》於坊間流傳版本眾多，較著名者有薛己（收錄於《本草約言》中。此書卷一、二爲《藥性本草》，卷三、四爲《食物本草》）、盧和…等人之作品，今本公司重刊之彩本《食物本草》，內容與前述二者所撰略有雷同之處，但眞實作者仍有待考查，而依原書繪圖之精美，與開本及裝禎之講究，可推測爲當時宮廷抄本，實爲難得，特此重刊，以享同好。

本書共分爲四卷八類，記載食物三八六味，收錄工筆彩圖四九二幅，惜因年代久遠，多有缺漏，不才依明代胡文煥抄本重新審校，盼能重現其原有風貌，如：卷一水類漿水一項，原書記載「漿水或粟米或倉米…」，推敲後得其應爲編者筆誤，正確爲「漿水以粟米或倉米…」，又穀類青粱米一項，「…止瀉痢小便…」應爲「…止瀉痢利小便…」，諸如此類因原書作者筆誤而造成的錯誤，不勝枚舉，更遑論其他原因造成的文字脫漏，如：卷一菜類的甘藍及翹搖菜，因潮濕而字跡模糊難辨、苦菜等品項文字因蟲蛀而缺漏，今日一一列出還原，以利讀者們於閱讀時更加得心應手。然學海浩瀚，又受限於參考資料來源，疏漏謬誤在所難免，望廣大讀者多多包涵，並提供寶貴意見，給予批評指教，讓本公司出版品能夠精益求精，不勝感激。

主編 陳冠婷

丁亥年

目錄

食物本草卷一

水類　穀類　菜類

水類

井水新汲即用利人療病平旦第一汲者為井華水又與諸水不同凡井水有遠從地脉来者為上有從近處江河中滲来者欠佳又城市人家稠密溝渠汚水雜入井中成醶用須煎滚停頓一時候醶下墜取上面清水用之否則氣味俱惡而煎茶釀酒作豆腐三事尤不堪也又雨後其水渾濁須擂桃杏仁連汁投入水中攪勻少時則渾濁墜底矣易曰井泥不食謹之

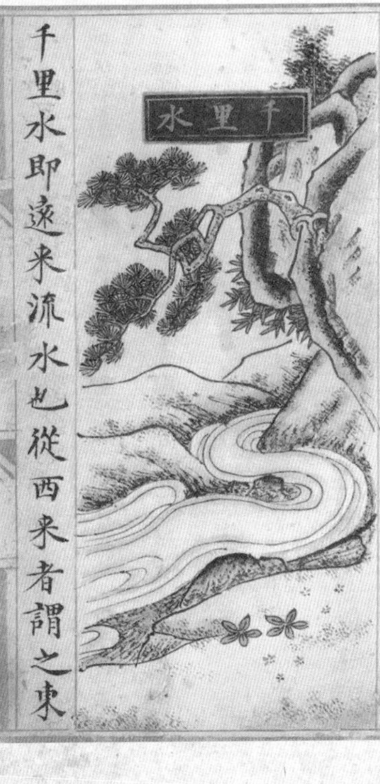

千里水即遠来流水也從西来者謂之東流水二水味辛平無毒主病後虚弱及盪滌邪穢陽之過萬名曰爛水以木盆盛水杓揚之泡起作珠子數千顆擊取煮藥治霍亂及入膀胱奔豚氣用之殊勝誠與諸水不同煉雲母粉用之即其驗也古云流水不腐但江河水善惡有不可知者昔年予在潯州忽一日城中馬死數百詢之云數日前有雨洗出山

谷中蛇蟲之毒馬飲其水而致然也不
可不知

秋露水味甘平無毒在百草頭上者愈百
病止消渴令人身輕不飢肌肉悅澤栢
葉上者明目百花上者益顏色

臘雪水甘大寒鮮天行時疫及一切毒淹

藏果實良春雪水生蟲不堪

乳穴水乃岩穴中涓涓而出之水秤之重
於它水煎沸上有鹽花味温甘無毒肥
健人令能食體潤不老與乳同功取以
作飯及釀酒大有益也穴有小魚補人
見魚類

寒泉水味甘平無毒主消渇反胃去熱淋
及暑痢兼洗漆瘡射癰腫令散下熱氣
利小便並宜飲之

夏氷味甘大寒無毒去熱除煩暑月食之
與氣候相反入腹冷熱相激非所宜也
止可隱映飲食取其氣之冷耳若敲碎
食之暫時爽快久當成疾

温泉水性熱有毒切不可飲一云下有硫
黃即令水熱當其熱處可燖猪羊主治
風頑痹浴之可除廬山下有温泉池往
来方士教令患疥癩及楊梅瘡者飽食
入池久浴得汗出乃止旬日諸瘡自愈
然水有硫黃臭氣故應愈諸風惡瘡體
虚者毋得輕入

漿水以粟米或倉米飲釀成者味甘酸微
温無毒調中引氣宣和強力通關開胃
止霍亂泄痢消宿食觧煩去睡止嘔白
膚體似氷者至冷妊娠忌食不可同李

予食令吐痢丹溪云漿水性冷善走化滯物消解煩渴宜作粥薄暮食之去腄理臟腑

熱湯須百沸過若半沸者食之病脹患霍亂手足轉筋者以銅瓦器盛湯熨臍效

繁露水是秋露繁濃時水也作盤以收之

煎令稠食之延年不飢以之造酒名秋露白味最香冽

梅雨水洗癬疥滅瘢痕入醬令易熟沾衣便腐澣垢如灰汁有異它水

半天河水即上天雨澤水也治心病鬼疰狂邪氣惡毒

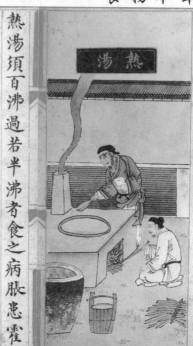

冬霜水寒無毒團食者主解酒熱傷寒鼻
塞酒後面赤

雹水漿味不正當時取一二升內甕中即
如本味

方諸水味甘寒無毒主明目定心去小兒
熱煩止渇方諸大蚌也周禮明諸承水
於月謂之方諸陳饌以為玄酒

花水平無毒主渴遠行無水和苦括蔞為
丸服之永無渴

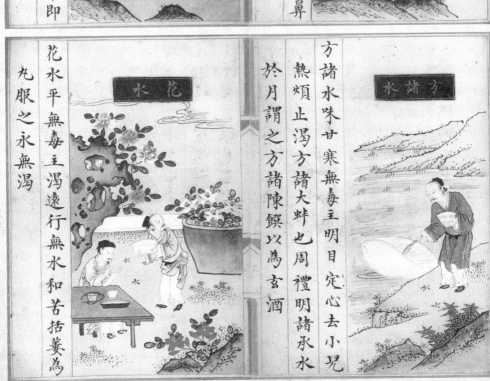

糧罌水

糧罌水味辛平小毒主鬼氣中惡疰忤心腹痛惡夢鬼神進一合多飲令人心悶又云洗眼見鬼出古塚物罌中

甑氣水

甑氣水主長毛髮以物於炊熟時承取沐頭令髮長密黑潤不能多得朝朝梳摩小兒頭漸覺有益

生熟湯

生熟湯味鹹無毒熬塩投中飲之吐宿食毒惡物消氣臚脹亦主痰瘧調中消食又人大醉及食瓜果過度以生熟湯浸身湯皆為酒及瓜果氣味

屋漏水

屋漏水大有毒誤食必生惡疾以洗犬咬瘡可即愈

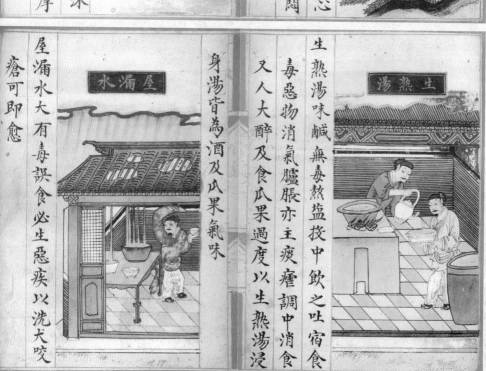

猪槽水無毒治諸毒蠱蛇咬可浸瘡

溺坑水無毒主消渴解水豚魚毒

盐膽水味鹹苦有大毒此水盐初熱槽中瀝黑汁也人與六畜皆不可食

塚井水有毒人中之不活欲入者先試以雞毛如直下者無毒如廻旋而舞者則有毒先以熱醋數斗投井可入

洗碗水主惡瘡久不差者煎沸以盐投中洗之立效

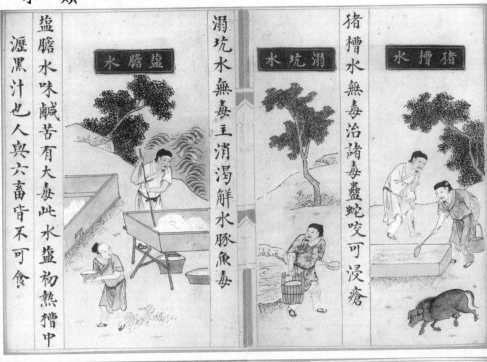

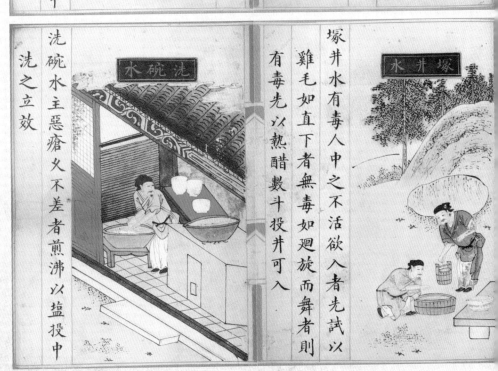

蟹膏水以膏投漆中化為水古人用和藥又蚯蚓去泥以塩塗之或肉入葱中化為水主天行諸熱病癲癇等疾又塗丹毒並傅漆瘡效

陰地流泉水飲之令人發瘧瘴又損脚令軟又云飲澤中停水令人生瘕病

鹵水味苦鹹無毒主大熱消渴狂煩除邪及下蠱毒柔肌膚去濕熱消痰磨積塊洗滌垢膩勿過服頓損人

地漿水氣寒無毒掘地作坎以水沃其中攪令濁俄頃取之主解中諸毒煩悶山中菌毒又楓樹上菌食之令人笑不止

飲此鮮之

清明水及穀雨水味甘取長江者為良以
之造酒可諸久色紺味冽此水盖取其
時候之氣耳

炊湯水經宿洗面無顏色洗身成癬

甘露水及醴泉水味甘美無毒食之潤五
臟長年不饑主胸膈諸熱明目止渴此
水不可易得附錄之以備參考

右諸水日常所用人多忽之殊不知
天之生人水穀以養之故曰水去則
榮散穀消則衛亡仲景曰水入於經
其血乃成穀入於胃脉道乃行水之
於人不亦重乎故人之形體有厚薄
年壽有長短多由於水土稟受滋養
之不同驗之南北水土人物可見矣

穀類

粳米

粳米味甘苦平無毒主益氣止煩止泄痢壯筋骨通血脉和五臟補益胃氣其功莫及小兒初生煑粥汁如乳量與食開胃助穀神甚佳合芡實煑粥食之益精強志耳目聰明新者乍食亦少動風氣陳者更下氣病人尤宜服蒼耳人食之急心痛有早中晚三收以白晚米為第一各處所產種數甚多氣味不能無少異而亦不大相遠也天生五穀所以養人得之則生不得則死此其得天地中和之氣同造化生育之功故不化它物可名言也本草所主在藥故畧耳

粟米

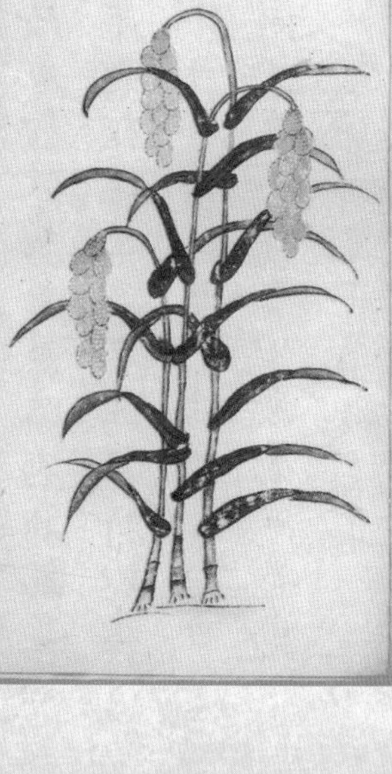

粟米味鹹氣微寒無毒主養腎氣去脾胃熱益氣陳者味苦主胃熱消渴利小便止痢壓丹石毒解小麥毒煑粥性暖初生小兒研細煑粥如乳每少與飲之助穀神達腸胃甚佳不可與杏仁同食令人吐泄粟類多種此則北人所常食者是也又舂為粉食主氣弱食不消化嘔逆解諸毒又蒸作糗食味甘苦寒又云酸寒主寒中除熱渴解積實大腸一種糯粟即秫也餘見粳米下

糯米

糯米味苦甘温無毒主温中令人多熱大便堅此本草經文也諸家有云性微寒妊娠與雜肉食不利子久食身軟以緩筋也又云寒使人多睡發風動氣擁經絡氣止霍亂又云凉補中益氣行榮衛中積血所論蓋不同也夫所謂不利緩筋多睡之類以其性懦所致若謂因其性寒糯米造酒最宜豈寒乎農家於冬月用作糍喂牛免凍傷最驗是則糯米之性當如經文所言

黍米

黍米味甘温無毒主益氣補中多熱令人煩又云性寒有小毒不可久食昏五臟令人好睡小兒食之不能行緩人筋骨絕血脉不可與白酒葵菜牛肉同食有丹黑數種比粟米畧大今北地所種多是秫黍最粘又名黃糯只以作酒謂之黃米酒此米且動風人少食

秫米

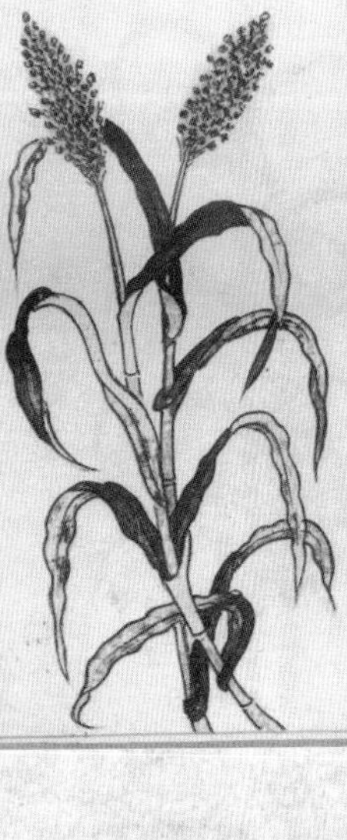

秫米味甘微寒止寒熱利大腸瘡漆瘡殺

瘡疥毒熱擁五臟氣動風作飯最粘惟
可作酒汁亦少

黃粱米

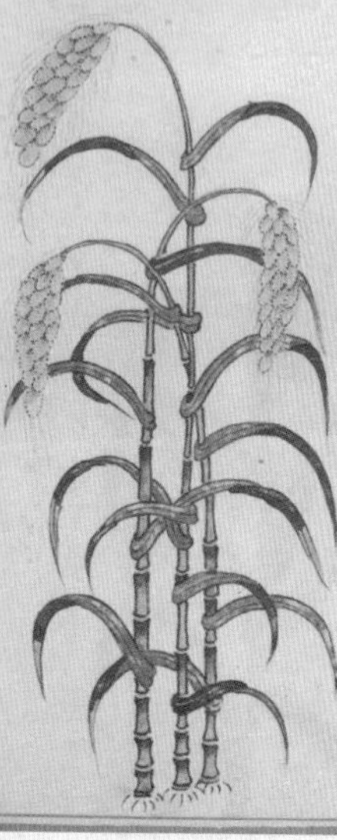

黃粱米味甘平無毒益氣和中止洩痢去
風濕痺其穗大毛長穀米俱麁於白粱
取子少不耐水旱食之香美逾於諸粱
號為竹根黃其青白二色微凉惟此甘
平豈非得中和之正氣多耶

白粱米

白粱米味甘微寒無毒主除熱益氣移五
臟氣續筋骨止煩滿其穗大多毛且長
穀麁圓長不似粟圓米亦白而大食之
香美次於黃粱亦堪作粉

青粱米

青粱米味甘微寒無毒主胃痺熱中消渴
止泄痢利小便益氣補中健脾止洩精
輕身一云此米醋浸三日百蒸百暴裹
藏遠行一飡可度數日其穀穗有毛微
青而細早熟少收夏月食之極清凉但
味短而澁色惡不如黃白粱故人少種

稷米

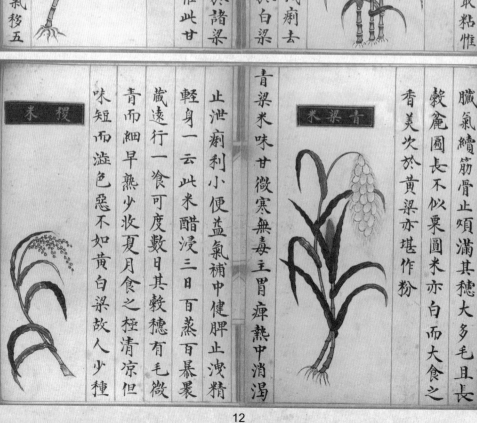

稷米味甘無毒益氣補不足又云冷治熱發冷病氣觧瓠毒以其早熟又香可愛因以供祭然味淡諸穀之中此為下苗種者惟以防荒年耳

陳廩米味鹹酸温無毒主下氣除煩渴調胃止洩瀉又云廩米有粳有粟諸家竝不説何米然二米陳者性冷頻食令人自利此説與上經文稍戾

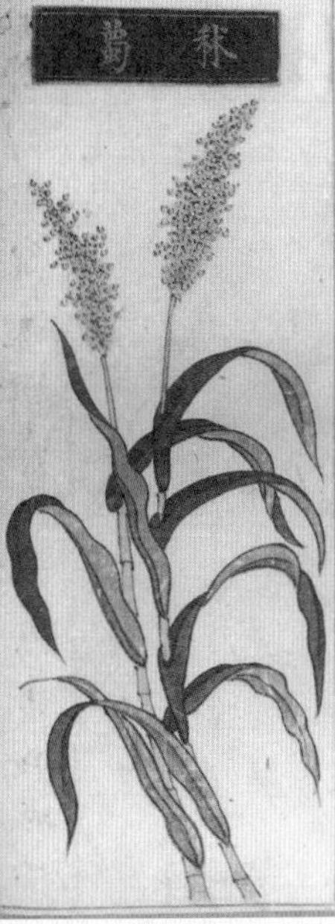

秫蜀穀之最長米粒亦大而多者北地種之以備缺糧否則喂牛馬也南人呼為蘆穄

香稻米味甘軟其氣甜香可愛有紅白二種又有一類紅長者三粒僅一寸許比他穀晚收開胃益中滑澁補精但人不常食亦不多種也

茭米生湖泊中性微毒古人以為美饌作

飯亦脆澀

茼米

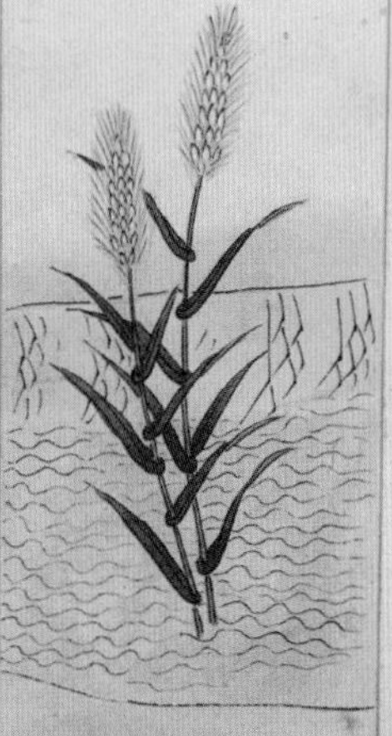

茼米味甘寒無毒主利腸胃久食不饑去熱益火可爲飯生水田中苗子似小麥而小四月熟

蓬草米

蓬草米作飯食之無異秔米儉年物也

狼尾子米

狼尾子米作黍食之令人不饑生澤地中

稗子米

稗子米味脆氣辛可以爲飯

粃米

粃米味甘平通腸開胃下氣磨積塊製作糗食延年不饑充滑膚體可以頤養昔陳平食糠而肥粃米即精米上細糠也

小麥

小麥味甘微寒無毒除熱止燥渴咽乾利小便養肝氣止漏血唾血秋種冬長春

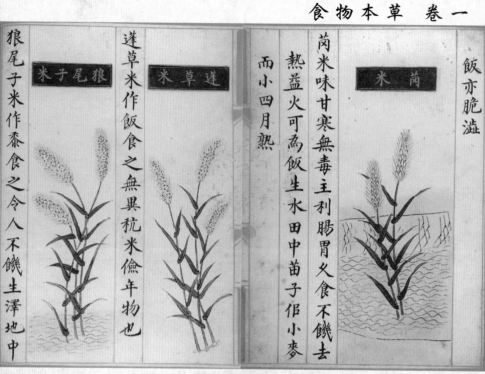

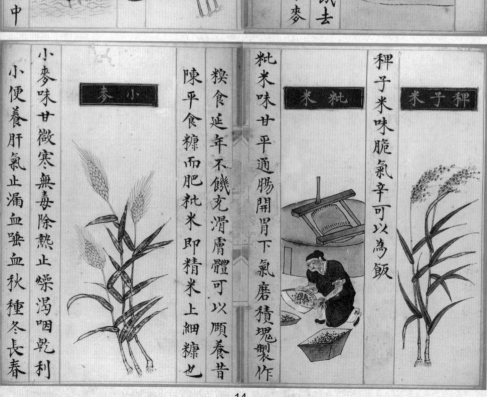

秀夏實具四時之氣為五穀之貴有地
暖春種夏收者氣不足有小毒麪味甘
温補虛養氣實膚體厚五臟腸胃強氣
力然性擁熱少動風氣不可與菜同食
蘿蔔能解麪毒同食最宜

麪筋

麪筋以麩洗去皮為之性與麪仍相類且
難化丹溪曰麪熱而麩凉若用麥以代
穀須晒令燥以少水潤之舂去外皮煑
以為飯食之庶無麪熱之患愚以東南
地本卑濕又雨水頗多麥已受濕又不
曾出汗食之故渴動風氣助濕發熱西
北地本高燥雨水又少麥不受濕復入
地窖出汗至八九月食之又北人禀
厚少濕宜其常食而不病也

大麥

大麥味鹹甘温微寒無毒主消渴除熱益
氣調中又云令人多熱為五穀長平胃
消食療脹暴食亦作脚軟以其下氣也
久食甚宜人頭髮不白補虛勞壯血脉
益顏色實五臟止洩令人肥白滑肌為
麪勝小麥無燥病丹溪云初熟時人因
缺穀多炒而食之有火能生熱病一云
久食多食能消腎戒之

蕎麥

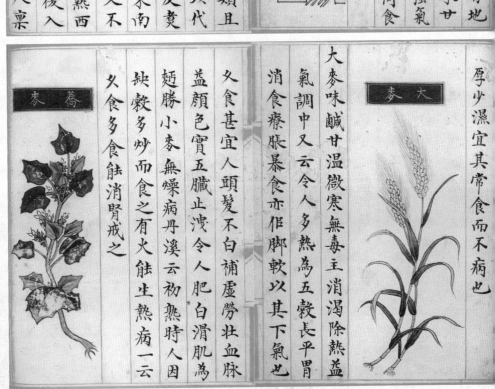

蕎麥味甘平寒無毒實腸胃益氣久食動
風令人頭痃和猪肉食令人患熱風脫
人眉鬚雖動諸病猶剉丹石煉五臟滓
穢俗胃一年沉滯積在腸胃間食此麥
乃消去

黑大豆

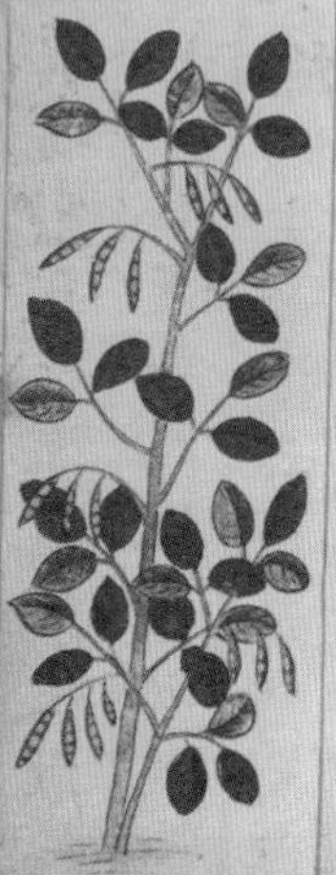

黑大豆味甘平無毒炒食去水腫消穀止
膝痛腹脹除濕痺乍食體重忌食猪肉
十歲以下小兒勿食恐一時食猪肉擁
氣至危煑食及飲汁凉下熱腫解熱毒
及烏附丹石諸毒除胸胃中熱大小便
血散五臟結氣一種小黑豆最佳陶節
卷以黑豆入塩煮時常食之謂能補腎
盖豆味鹹腎之穀又形類腎黑豆屬水

也妙乳

白豆

白豆平無毒補五臟益中助經脉調和腰
腸胃殺鬼氣浙東一種味甚勝用以作
醬作腐極佳北之水白豆相佀而不及
也青黃斑等豆本草不著大率相類亦
不及也

赤小豆

赤小豆味甘酸平無毒主下水消熱毒排
膿血止洩利小便去脹滿除消渴下乳

汁久食虛人令枯瘦觧小麥毒和鯉魚煑食愈脚氣水腫痢後氣滿不能食者宜煑食之不可同魚鮓食

菉豆

菉豆味甘寒無毒主治消渴丹毒煩熱風疹補益和五臟行經脉觧食物諸藥毒發動風氣消腫下氣若欲去病須不去皮盖皮寒肉平煑食作餅炙佳一云為粉盪皮能觧酒毒以水調服之亦能觧菰砒毒

豌豆

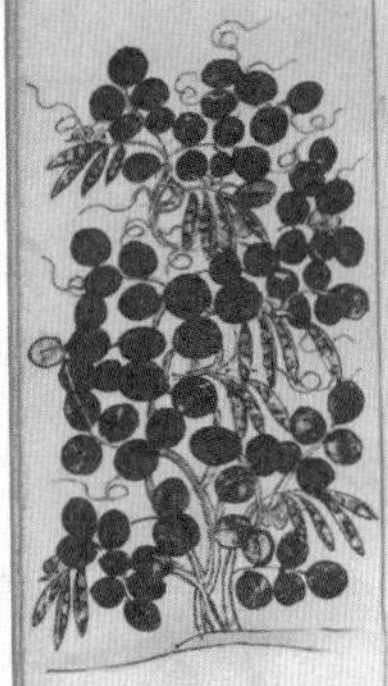

豌豆味甘平無毒調順榮衛益中平氣又云發氣疾

藊豆

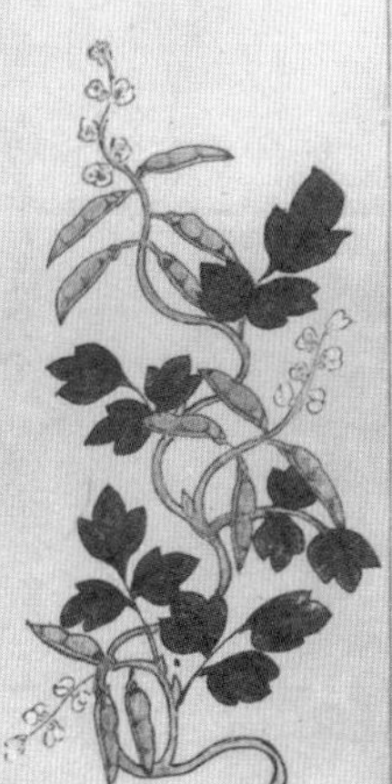

藊豆味甘氣微温主和中下氣治霍亂吐痢不止殺一切草木及酒毒生嚼及煎湯服亦觧河豚毒葉主霍亂花主女子赤白下乾末米飲和服之有黑白二種黑者少冷入藥俱用白者患寒熱病及患冷氣人不可食

蠶豆

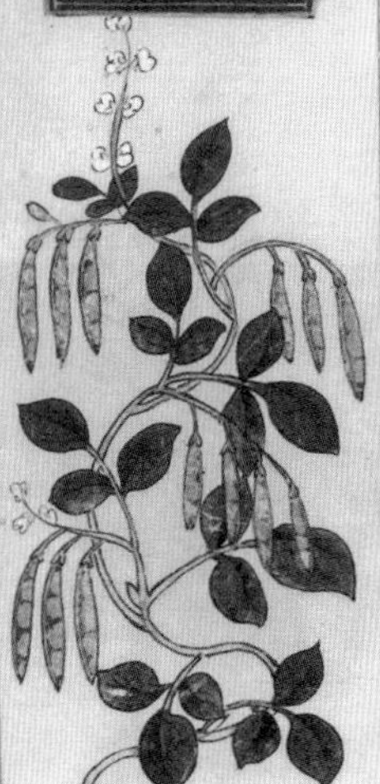

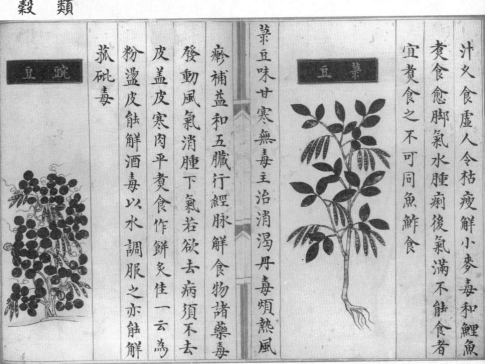

筋豆蛾眉豆

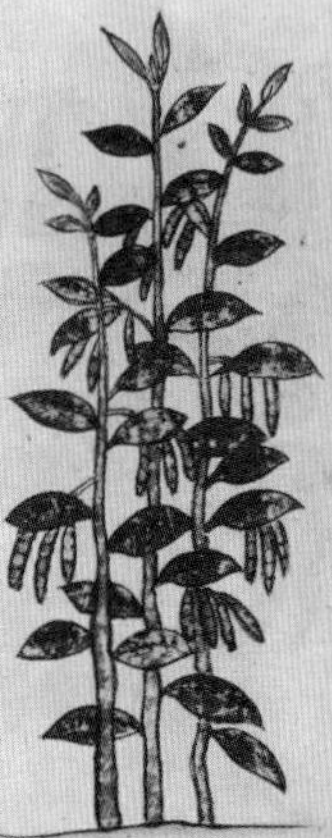

蠶豆味甘溫氣微辛主快胃利五臟或點茶或炒食佳又有筋豆蛾眉豆虎爪豆羊眼豆勞豆豇豆類只可茶食而已一種刀豆長尺許可入醬用之

罌粟

罌粟味甘平無毒行風氣逐邪熱療反胃胸中痰滯丹石發動不下食和竹瀝煑粥食極佳然性寒以有竹瀝利大小腸不宜多食又過度則動膀胱氣粟殼性

澁止洩痢澁腸令人虛勞嗽者多用止嗽及熱濕泄痢者用止痢劫病之功雖急殺人如劍戒之

芝蘇

芝蘇味甘寒無毒治虛勞滑腸胃行風氣通血脉去頭浮風潤肌膚乳母食之小兒不生熱病又生嚌傅小兒頭上諸瘡良

胡麻

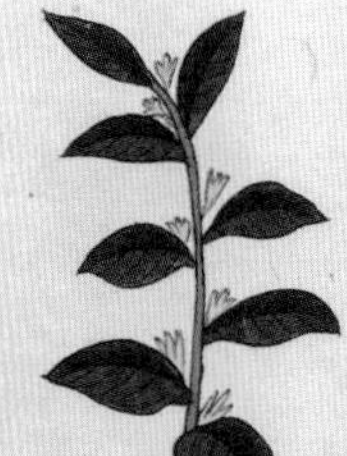

胡麻味甘氣平無毒巨勝苗名青蘘

麻蕡

麻蕡味辛氣平有毒主勞傷利臟下血氣寒破積止痺散膿多食令見鬼狂走久服通神明輕身麻子味甘平無毒入足太陰經手陽明經詩所謂丘中有麻是也

穬麥

穬麥味甘微寒無毒主輕身除熱久服令人多力健行作糵溫消食和中作餅食不動氣甚益人

莔實

莔實味苦平無毒主赤白冷痢破癰腫亦可食

右五穀乃天生養人之物但人之種藝一則取其資生之功二則計其肥家之利南之粳北之粟功利兩全故多種食之如黃粱甚美而益人故有膏粱之稱人則以其肥地薄收而不種識者凡穀類當不計其利惟取其能養人者多種而食之可也

菜類

蘿蔔

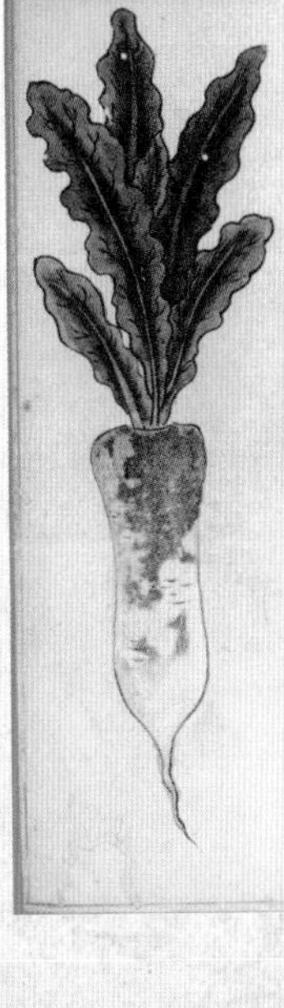

胡蘿蔔

蘿蔔味甘温平無毒散氣及炮煑食大下氣消穀去痰癖利關節鍊五臟惡氣治麪幷豆腐毒止咳嗽療肺瘻吐血温中補不足肥健人令膚肌白細生汁主消渴禁口痢大驗同猪羊肉鯽魚煑食更補益服地黄何首烏者食之髮白其莖葉氣性大率相類丹溪云熟者多食停滯膈間成溢飲以其甘多辛少也本草謂之萊菔衍義云散氣用生薑下氣用萊菔子治喘嗽下氣消食水研服吐風痰醋研塗消腫毒一種胡蘿蔔味甘而用不及

韭菜

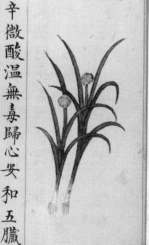

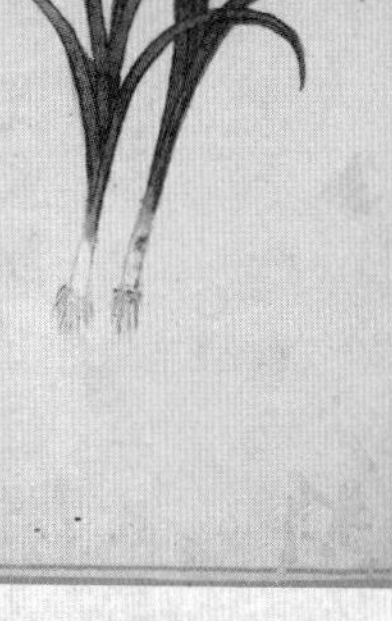

韭菜味辛微酸温無毒歸心安和五臟六腑除胸中熱下氣令人能食利病人可久食又云益陽止洩尿血煖腰膝除胸腹冷痛痃癖春食香夏食臭冬食動宿飲五月食昏人乏力不可合牛肉食酒後忌食丹溪云韭汁冷飲下膈中瘀血甚驗以其屬金而有水與土其性急又能充肝氣多食則昏神其子治虛勞損腎夢洩良又未出土者為韭黄食之即滯氣最不宜人花食之動風根治諸癖大抵葱韭皆常食但葱冷而韭温於人有益

薤

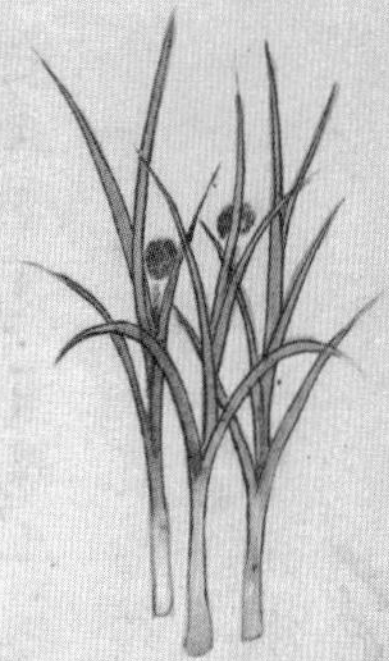

薤味辛苦氣温入手陽明經無毒主金瘡瘡敗輕身不饑耐老宜心歸骨菜芝也除寒熱去水氣温中散結痢病人止久痢冷洩赤白帶通神安魂魄益氣續筋骨鮮毒骨鯁食之即下有赤白二種白者補而美赤者主金瘡風苦而無味又云白色者最好雖有辛而不葷五臟又云凡用葱薤皆去青留白以白冷而青熱也故斷赤痢方取薤白同黃蘗煑服之言性冷而鮮毒矣又治霍亂乾嘔不息煑汁又治疥瘡擣汁又治犬虎咬又治產後諸痢并湯火傷但發熱病不宜多食又不可與牛肉同食令人作癥瘕也

葱

葱葉温白與鬚平味辛無毒主明目補中不足其莖白入手太陰經足陽明經可作湯主傷寒寒熱中風面目腫骨肉疼喉痺不通安胎歸目除肝邪利五臟益瞳精殺百藥毒通大小腸療霍亂轉筋奔豚氣脚氣心腹痛目眩及心迷悶止衄殺一切魚肉毒又治打撲損并刀杖瘡連根用主傷寒頭痛如破又莖葉用塩研貼蛇蟲傷水腫痛治蚯蚓毒此涷葱也經冬不凋不結子分莖蒔種莖葉

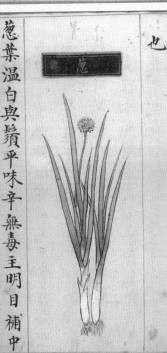

俱軟氣味香佳食用最宜忌與蜜同食
有一種樓葱即龍角葱亦動類又胡葱
漢葱莕葱數種不同大抵以發散為功
多食昏人神只調和食品可也

蔓菁

蔓菁味温無毒利五臟消食益氣令人肥
健可常食北方種之甚多春食苗夏食
心秋食薹冬食根菜中最有益於用者
南方地不同所種形類已變矣

菘菜

菘菜味甘温無毒利腸胃除煩解酒渴去
魚腥消食下氣治瘴止熱嗽胸膈悶不
益人食之覺冷薑能制之一云夏至前
食發皮胃風痒動氣發病紫花菘行風
氣去邪熱花糟食甚美服甘草勿食令
病不愈北人往南患足疾者勿食牛肚
菘葉最厚味甘紫菘葉薄細味少苦白
菘似蔓菁猶一類也北地無菘有種者
形亦變

芥菜

芥菜味辛氣温無毒歸鼻除腎邪利九竅
明耳目安中除邪氣止咳嗽冷氣去頭
面風多食動風氣發丹石不可同兔肉

食生惡瘡同鯽魚食發水腫子主傅射
工及痓氣疝氣發汗胸膈痰冷面黃又
和藥為膏治骨節痛丹溪云痰在皮裏
膜外非此不能達又遊腫諸毒為末猪
膽和如泥傅之但其類多青芥葉麁大
味辣好紫芥作虀佳白芥尤辛美俱入
藥出太源

莧菜

莧菜味甘寒無毒通九竅又云食動風令
人煩悶冷中損腹子主青盲白瞖明目
除邪利大小便去寒熱殺蚘蟲久服益
氣力不饑輕身葉忌與鱉同食丹溪云

莧有六種人莧赤莧白莧紫莧五色莧
其一即馬齒莧也下血又入血分且善
走馬齒莧同食下胎妙臨產煮食易產
又有野生一種灰條莧亦可食亦入藥

馬齒莧

馬齒莧味酸氣寒性滑無毒主目盲白瞖
利大小便止赤白下去寒熱殺諸蟲止
渴破癥結癰瘡服之長年不老和梳垢
封丁腫又燒為灰和陳醋滓先灸丁腫
以封之根即出又傅疪豆瘡良生擣汁
服當利下惡物去白蟲亦治痱利又主
三十六種風結瘡以一釜煮澄清內蠟
三兩重煎成膏塗之又塗白禿濕癬傅

杖瘡又療多年惡瘡又治馬咬馬汗射工毒一種葉大者不堪一種葉小節間有水銀者可用去莖用葉此菜感陰氣之多而生食之宜和以蒜餘見莧菜下

胡荽

胡荽味辛氣温微毒主消穀治五臟補不足利大小腸通小腹氣通心竅拔四肢熱止頭痛久食損人精神令人多忘發腋臭口臭脚氣金瘡久病人食之脚弱根發痼疾子主小兒禿瘡油煎傅之亦主蠱五痔及食肉中毒吐下血不止煑冷取汁服又治小兒豆疹不出欲令速出用酒煎沸勿令洩氣候冷去滓微微

從項以下噴身令遍除面不噴包腹即出

葵菜

葵菜味甘氣寒陰中之陽無毒為百菜長滑利不可多食能宣導積壅主客熱利小便治惡瘡及帶下散膿血惡汁煑食主丹石發結熱葉燒為末傅金瘡擣碎傅犬瘡炙煑與小兒食治熱毒下痢及大小丹痢擣汁服孕婦煑食之易産其心傷人勿食其葉皆黃莖赤者勿食不可與鯉魚黍米同食天行症後食之失明花治淋澁水腫催生落胎并一切瘡疥小兒風瘮子花有五色赤者治赤帶

白者治白帶空心酒調末服之又赤治
血燥白治氣燥并痰瘧又冬葵子秋種
經冬至春作子者主臟腑寒熱羸瘦五
癃利小便療婦人乳難下乳汁久服堅
骨長肌肉輕身延年産難取一二合杵
破水煮服之癰瘍未潰者水呑三五粒
便作頭膿出根主惡瘡療淋利小便服
丹石人宜之

小蒜

小蒜味辛温有小毒歸脾腎主霍亂腹中
不安消穀理胃温中除邪痺毒氣丁瘡
等毒華佗用蒜虀吐人惡物云是此又
云大蒜久食損人目傷肝不可與魚膾
同食

大蒜

大蒜味辛氣温有毒屬火主散癰腫䘌瘡
除風邪殺毒氣消食下氣健胃善化肉
行濕破冷氣爛痃癖辟温疫氣瘴氣伏
邪惡蠱毒蛇蟲溪毒治中暑毒霍亂轉
筋腹痛爛嚼温水送之又鼻衄不止搗
碎塗脚心止即拂去醋浸經年者良此
物性熱氣極暈煮為羹臛極俊美熏氣
亦微下氣温中消穀雖曰人喜食多於
暑月但生食久食傷肝氣損目明面無
顔色又傷肺傷脾引痰宜戒之葉亦可
食獨子者攻毒如癰疽發背惡瘡腫核

初發取紫皮獨頭者切片貼腫心炷艾
灸其上覺痛即起焦者用心者再灸瘡
初痛者灸不痛不痛者灸痛痒者亦如
之以多灸為良無不效者疣贅之類亦
依此灸之

茄

茄味甘寒患冷人不可多食熟者少食無
畏多食損人動氣發瘡及痼疾菜中惟
此物無益丹溪謂茄屬土故泔而喜降
火藥中用根煎湯洗足瘡蒂燒灰治口
瘡甚效皆甘以緩火之意

菠薐菜

菠薐菜冷微毒利五臟通腸胃熱解酒毒
北人多食肉麪食此則平南人多食魚
鱉水米食此則冷不可多食冷大小腸
發腰痛令人脚弱不能行一云服丹石
人食之佳劉禹錫佳話録云此菜來自
西域頗稜國誤呼菠薐藝苑雌黃亦云

苦蕒

苦蕒冷無毒療面目黃強力止困傅蛇蟲
咬良又汁傅丁腫根即出蠶婦食之壞
蠶蛾

莙薘

莙薘味平微毒補中下氣理脾胃去頭風
利五臟冷氣多食則動氣先患腹冷人
食之破腹莖灰淋汁洗衣白如玉色

薺菜

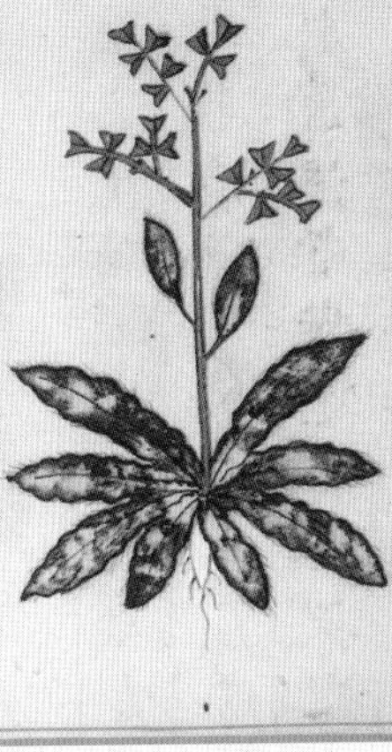

薺菜味甘氣温無毒主利肝氣和中其實
名菥蓂子主明目目暴赤痛去障瞖根
汁點目中亦效燒灰治赤白痢

紫苑

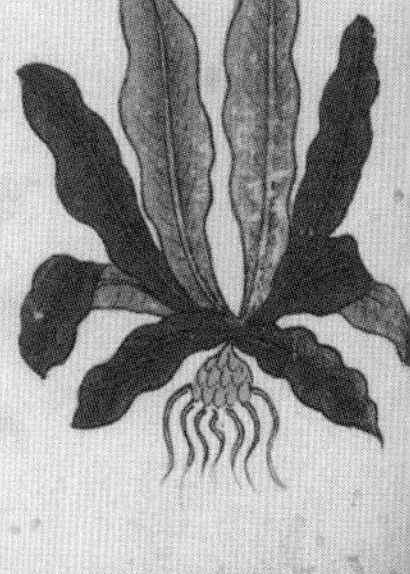

紫苑味苦辛温無毒主咳嗽寒熱結氣去
蠱毒痿蹷安五臟療欬唾膿血補虛勞
消痰止渴潤肌膚添骨髓連根葉採之
醋浸入少鹽收藏待用其味辛香甚佳
號名仙菜性怕鹽多則腐也

百合

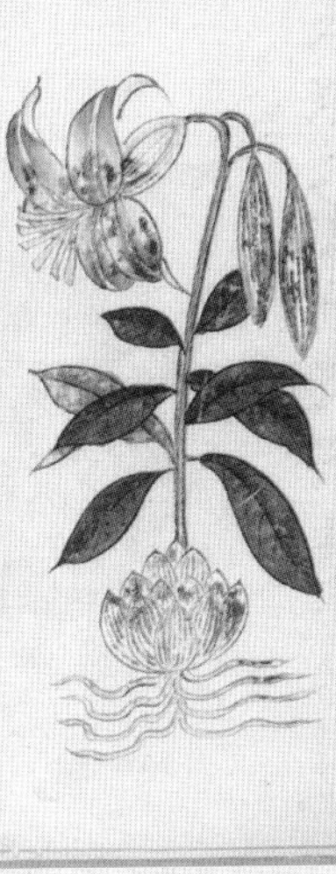

百合味甘平無毒主邪氣腹脹浮腫心痛
乳難喉痺利大小便補中益氣止顛狂
涕淚定心中殺蠱毒療癰腫產後血病

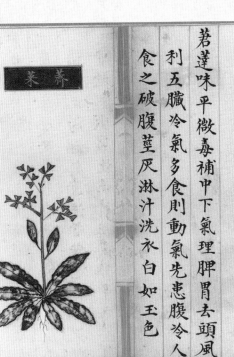

蒸煮食之和肉更佳搗粉作麪食最益於人

枸杞

枸杞味苦寒根大寒子微寒無毒無刺者是其莖葉補氣益精除風明目堅筋骨補勞傷強陰道久食令人長壽根名地骨冦宗奭曰枸杞當用根皮枸杞子當用其紅實諺云去家千里莫食枸杞言其補益強盛無所為也和羊肉作羹食和粳米煮粥食入葱豉五味補益勞乏勝南丘多枸杞村人多壽食其水土也潤州大井有老枸杞樹井水益人名著天下與乳酪忌

蘄菜

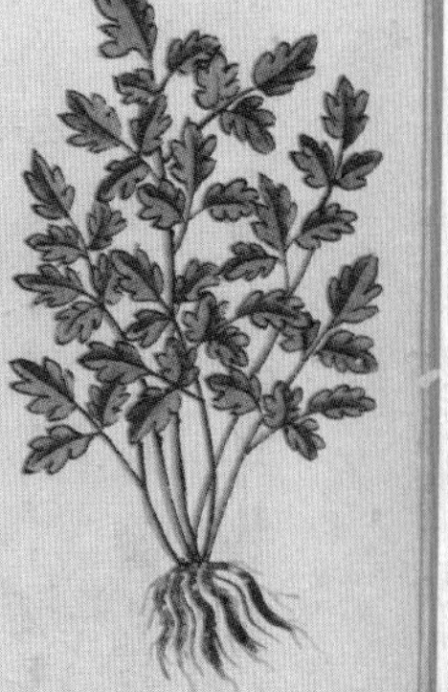

蘄菜味甘無毒主女子崩中帶下止血養精保血脉益氣令人肥健嗜食又止煩熱渴去伏熱殺藥毒置酒醬中香美和醋食益滋人但損齒生黑作虀葅煮食生啖竝得一種荻蘄用根一種赤蘄用莖葉水蘄水滑地所生者不及高田者宜人三月八月勿食恐病蛟龍瘕

菾菜

菾菜味甘苦大寒主時行壯熱解風熱毒

止熱毒痢開胃通腸又治小兒熱其花
白婦人食之宜

茼蒿

茼蒿平主安氣養脾胃消水飲多食動風
氣薰心令氣滿

蕨

蕨味甘寒滑去暴熱利水道令人睡弱陽
小兒食之脚弱不能行又云寒補五臟
不足氣壅經絡筋骨間毒氣令人消陽
事令眼暗鼻中塞髮落非良物也又冷
氣人食之多腹脹搜神記曰郗鑒鎮丹
徒二月出獵有甲士折一枝食之覺心
中淡淡成疾後吐出一小蛇懸屋前漸
乾成蕨遂明此物不可生食也令人遇
荒年多取其根搗洗作粉代糧度活然
羸弱不養人一種名薇亦蕨類

苣白

苣白味甘冷去煩熱又云主五臟邪氣腸
胃痼熱心胸浮熱消渴利小便多食令
人下焦冷發冷氣傷陽道不可同蜜食
糟食之甚佳

紫菜

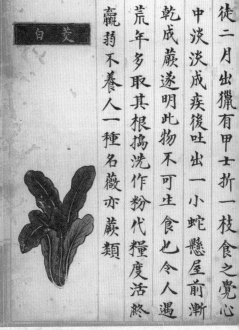

紫菜味甘寒下熱解煩療瘿瘤結氣不可
多食令人腹痛發氣吐白沫飲少醋即
消其中有小螺螄損人須擇出凡海菜
皆然

鹿角菜

鹿角菜大寒無毒微毒下熱風氣療小兒
骨蒸解麪熱不可久食發痼疾損經絡
血氣令脚冷脾損腰腎少顏色

白苣

白苣味苦寒一云平補筋骨利五臟開胸
膈擁氣通經絡止脾氣令人齒白聰明
少睡可常食產後不可食令人寒中小
腸痛患冷人食即冷腹葉心抽薹名萵
筍或淹或糟曝乾食之甚佳一種萵苣
一種苦苣治丁腫諸痢

石耳

石耳石崖上所生者出天台山廬山等名
山靈苑方中名曰靈芝味甘平無毒久
食延年益顏色至老不改令人不飢大
小便亦少一云性冷

苦芙

苦芺味苦寒主面目遍身漆瘡并丹毒生山谷下濕處浙東人清明節爭取嫩者生食以為一年不生瘡疥又煎湯洗痔瘡甚驗

山藥

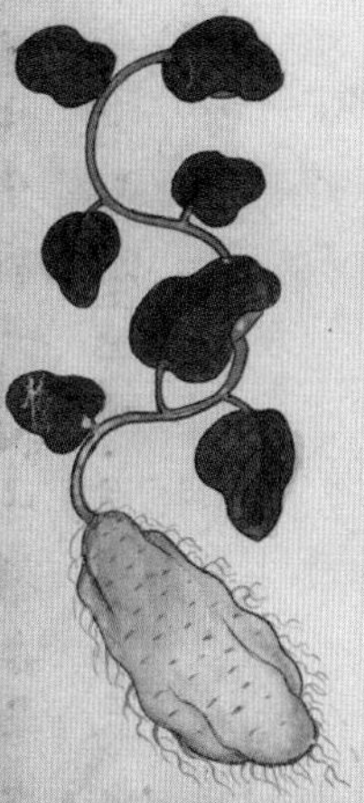

山藥味溫平無毒主傷風補虛羸除寒熱邪氣補中益氣力長肌肉又云主頭面遊風頭風眼眩下氣止腰痛補勞瘦充五臟除煩熱強陰久服耳目聰明輕身不饑延年生山中者良又云安魂魄鎮心神本草謂之薯蕷江南人呼為藷南地種之但性冷於北地者耳

芋

芋一名土芝一名蹲鴟味平水田宜種之莖可作羹臛及菹又云愈蜂螫其頭大者為魁小者為子荒年可以度饑小兒食之滯胃氣有風疾者忌食之

雍菜

雍菜味甘平無毒蔓生花白摘其苗以土壅之即活與野葛相伏取汁滴野葛即死張司空云魏武帝敢野葛至尺許應是先食此菜無害也一名甕菜

决明菜

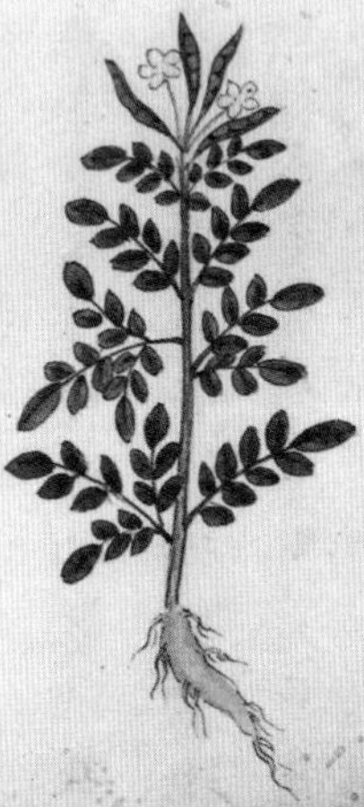

决明菜明目清心去頭眩風味甘温苗高三二尺春取為蔬花子可點茶又堪入寥煎

芎苗

芎苗味辛温無毒主欬逆定驚風辟邪惡除蠱毒鬼疰去三蟲久服通神川中產者良本地者點茶亦清頭目

蔊菜

蔊菜味辛生山谷泉石間根葉皆可食根尤佳

荇菜

荇菜生湖波中葉紫赤圓徑寸餘浮水面莖如釵股上青下白詩所謂參差荇菜是也可淹為菹

羊蹄菜

羊蹄菜味苦寒無毒根用醋磨塗癬疥速効治癧瘍風弁大便卒澁結不通喉痺

辛不能語腸風痔瀉血產後令剉根取汁煎服殊驗詩曰言采其遂即此註云惡菜也

蒟蒻

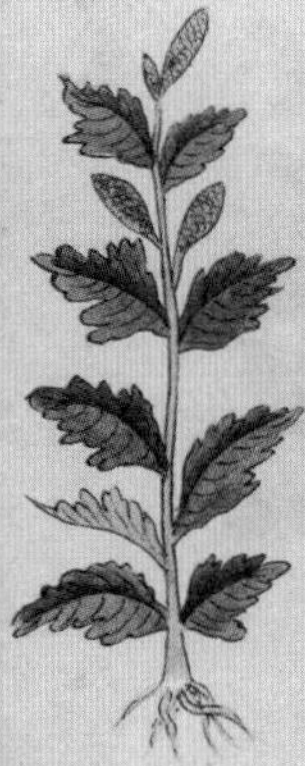

蒟蒻味辛寒葉與天南星相似但莖斑花紫南星莖無班花黃為異耳性冷主消渴揉其根擣碎以灰汁煮之成餅五味調和為茹食又蜀人取以作醬味酢美

地蠶

地蠶生郊野麥園中葉如薄荷少狹而尖亦微黝欠光澤根白色壯如蠶四月採根以滾水瀹之和以鹽為菜茹

假蘇

假蘇味辛溫無毒主除寒熱鼠瘻瘰癧生瘡破結聚氣下瘀血除濕痺辟邪氣通利血脉傳送五臟能發汗動渴消除冷風治頭風眩暈婦人血風等為要藥治產後血暈并產後中風身僵直者搗為末童便調熱服口噤者挑齒灌之或灌鼻中神效末和醋傳丁腫風毒即差初生新嫩辛香可啖人取以作生菜即今之荆芥也

紫蘇

紫蘇味辛甘氣温主下氣除寒中解肌發表通心經治心腹脹滿開胃下食止脚氣通大小腸煑汁飲之治蟹毒子尤良主肺氣喘急欬逆潤心肺消痰氣腰脚中濕風結氣調中下氣止霍亂嘔吐反胃利大小便破癥結消五膈又杵為末酒調服治夢泄有數種面背皆紫者佳一種水蘇主吐血衄血血崩痢産後中風下氣辟口臭去毒惡氣久服通神明輕身耐老一名雞蘇

薄荷

薄荷味辛苦氣凉温無毒入手太陽經厥陰經主賊風傷寒發汗通利關節傷風頭腦風及小兒風涎驚風壯熱乃上行之藥能引諸藥入榮衛又主風氣壅併下氣消宿食惡氣心腹脹滿霍亂骨蒸勞熱用其汁與衆藥熬為膏亦堪生食新大病差人勿食令汗出不止猫食之即醉一種名石薄荷又云龍腦薄荷南薄荷

香薷

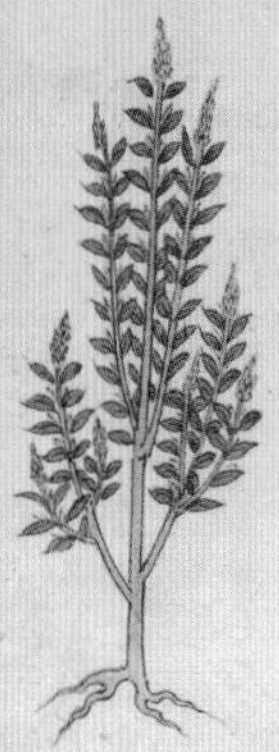

香薷味辛氣微温無毒主霍亂腹痛吐下
下氣除煩熱調中温味治傷暑利小便
散水腫又治口氣人家暑月多煑以代
茶可無熱病一種香菜味甘可食三月
種之

筍

筍味甘微寒無毒主消渴利水道下氣除
煩熱理風熱脚氣多食動氣發冷氣冷
癥蒸煑彌熟彌佳苦筍味苦寒治不睡
去面目并舌上黃利九竅消渴明目解
酒毒不發痰除煩熱出汗治中風失音
此筍有二種一出江西福建麗大味苦
不堪食一出浙江味微苦呼爲甜苦筍
食品所貴筀筍味簽難食主消渴益氣
刀補虛下氣多食發氣脹淡筍即中母
筍味甘主消痰除熱狂壯熱頭痛頭風
并姙人頭旋倒地驚悸瘟疫迷悶小兒
驚癇天吊等症多食發背悶脚氣箭筍
新可食作筍乾佳但硬難化不可與小
兒食青筍味甘止肺痿唾血鼻衄治五
痔并姙娠猫筍味甘温生於冬不出土
者曰冬筍小兒豆疹不出煑粥食解毒
有發生之意筀筍味亦然大抵筍類甚
多滋味甚美人喜食之但性冷且難化
不益脾胃是宜少食也又嘗有醫說有
人素患痰食筍而愈

冬瓜

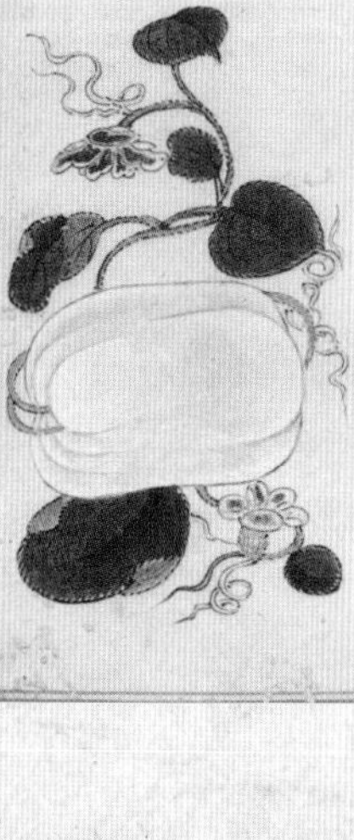

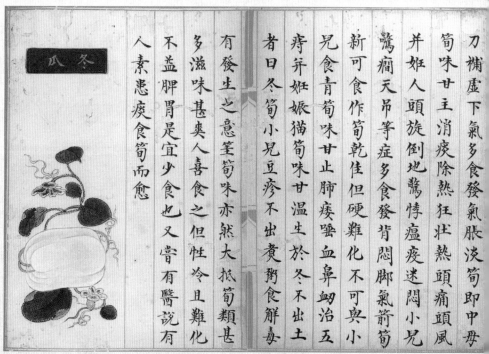

冬瓜味甘微寒主除小腹水脹利小便止渴益氣耐老除滿去頭面熱熱者食之佳冷者食之瘦又煉五臟以其下氣也欲輕健者食之欲肥胖者勿食丹溪云冬瓜性走而急久病及陰虛者忌食之霜降後方可食不然令人成反胃病又差五淋患背癰削片置瘡上分敗熱毒

稍瓜

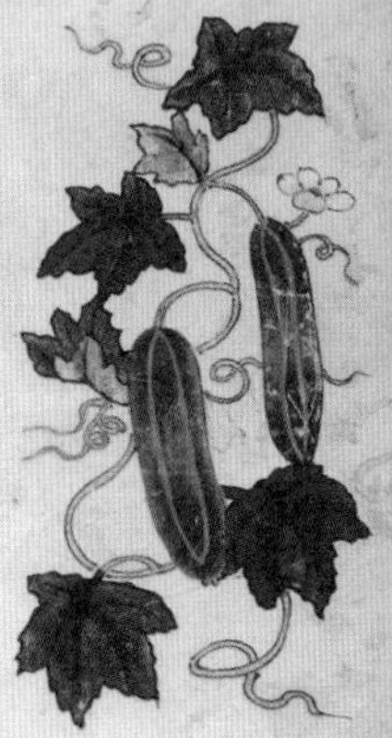

稍瓜味甘寒利腸去煩熱止渴利小便解酒熱宣洩熱氣多食動氣發瘡冷中令臍下癥痛及虛弱不能行不益小兒不可同乳酪鮓食及空心食令胃脘痛一云和飯并薤作鮓食亦益脾胃

甜瓜

甜瓜寒無毒少食止渴除煩熱利小便通三焦壅塞氣夏月不中暑氣兼主口鼻瘡多食令陰下濕痒生瘡動宿冷病并虛熱手脚無力破腹落水沉者雙頂雙蒂者皆有毒切不可食瓜蒂主身面四肢浮腫下水殺蠱毒欬逆上氣風癇喉風痰涎暴塞及食諸果病在胸腹中皆吐下之去鼻中息肉療黃疸及暴急黃花主心痛欬逆

黃瓜

黃瓜味甘寒有毒不可多食動寒熱多瘧疾發百病積瘀熱發疰氣令人虛熱上逆發脚氣瘡疥不益人小兒尤忌滑中生疳蟲不可與醋同食

絲瓜

絲瓜本草諸書無考惟豆瘡及脚癰方燒灰用之此其性冷觧毒粥鍋内煑熟薑醋食同雞鴨猪肉炒食佳枯者去皮及子用瓤滌器

瓠子

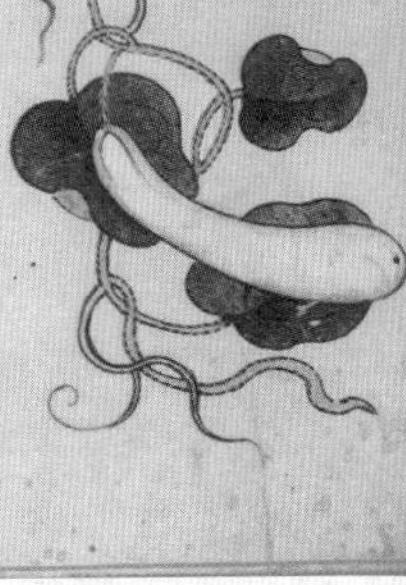

瓠子苦者氣寒有毒主大水面目四肢浮腫下水令人吐甜者性冷無毒又云微毒除煩止渴治心熱利水道調心肺治石淋吐蛔蟲厭丹石若患脚氣虛脹冷氣人食之病增此物夏熱形長尺餘兩頭相佀者是也

葫蘆

葫蘆夏秋間熟形圓而匾性味與瓠子相類

蓴

蓴味甘寒無毒主消渴熱痺同鯽魚作羹食佳下水利小便解百藥毒及蠱氣下氣止嘔其性滑不益脾多食發痔損胃及齒髮面色

金雞瓜

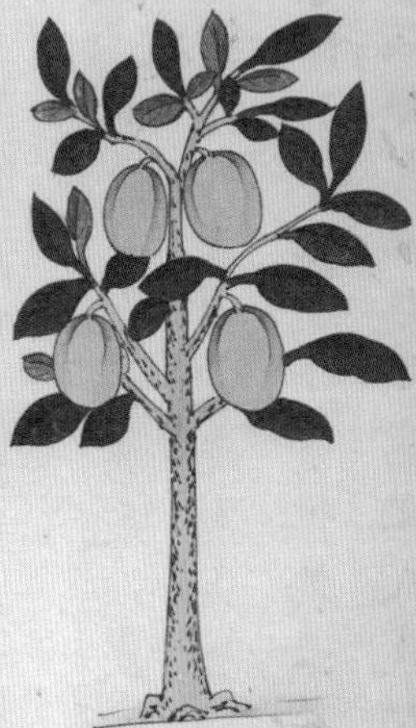

金雞瓜味甘平無毒主五痔頭風小腹拘急和五臟醒酒其木造屋則屋中酒味皆淡

薑

薑味辛甘微温主傷寒頭痛鼻塞止氣入肺開胃口益脾胃散風寒痰欬止嘔吐之聖藥通神明去穢惡子薑性熱母薑存皮性微温去皮性熱無病之人夜間勿食蓋夜氣收斂薑動氣故也

豆腐

豆腐性冷而動氣一云有毒發腎氣頭風發瘡疥杏仁可解又蘿蔔同食亦解其毒

鹹豆豉

鹹豆豉味甘鹹無毒主解煩熱調中發散通關節香烈殺腥氣其法用黑豆酒醋浸蒸曝乾以香油和再蒸曝凡三遍量入塩并椒末乾生薑陳皮屑和藏食之宜病人

蕈

蕈地生者為菌木生者為檽江南人呼為蕈味鹹甘平微溫小毒主心痛溫中去蛇螫毒蛔蟲寸白蟲諸蟲令世所通用者一曰菰子生於深山爛楓木上小於菌而薄黃黑色味甚香美者為香蕈最佳品有一種曰雞腿蘑菰其他或生地或在樹地生者多毒往往殺人土人自能識凡夜有光者煮不熟者煮訖其湯照人無影欲爛無蟲者俱有毒夏秋者多毒以蛇蟲行故也此物皆濕熱化生之物煮之宜切以薑及投飯粒試之如黑則有毒否則食之無害本草註謂九菌皆發五臟壅經絡動痔病昏多睡背膊四肢無力又多發冷氣大抵食之不甚益人也

木耳

木耳凡木上所生者曰木耳主益氣輕身強志一云平利五臟宣腸胃氣排毒壓丹石熱又主血衄不可多食桑槐上者佳餘動風氣發痼疾令肋下急損經絡令背膊悶楓木上者食之令人笑不止地漿鮮之一人患痔諸藥不効用木耳同它物煮羹食而愈極驗但它物今失記矣桑耳味甘有毒黑者主女子赤白帶下癥瘕陰痛陰陽寒熱無子月水不調其黃熟白者止洩益氣金色者治癖飲積聚一云寒無毒主消渴又云甘辛又云温微毒止腸風瀉血婦人心腹痛治五痔柘木上者次於桑槐耳主五痔心痛女子陰中瘡痛又治風破血益力楮耳人常食之并榆柳耳名具五耳而功用無所另著餘木俱有耳若木之氣性本良者亦可食

蔞蒿

蔞蒿味甘辛生水澤中葉佀艾青白色長數寸食之香脆而美葉可為茹一種莪蒿一美菜一種邪蒿作羹臛佳

苦菜

苦菜味苦寒無毒主五臟邪氣厭穀胃痺腸澼渴熱中疾惡瘡久服安心益氣聰察少卧輕身耐老耐饑寒此菜生北地方冬即彫生南地則冬夏常青月令所

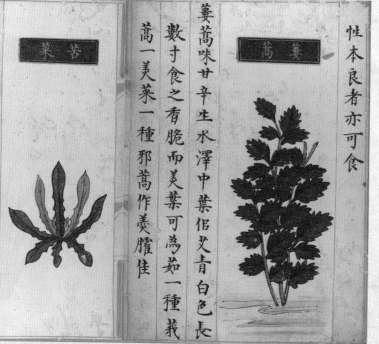

謂苦菜秀者是已即今之荼也出山田及澤中得霜甜脆而美

馬蘭味辛温生水澤採為菜茹根治嘔血擂汁飲之立止

馬蘭

蘩蔞

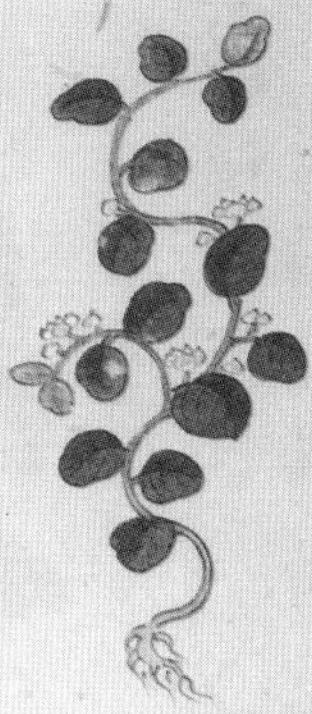

蘩蔞味酸氣平無毒主積年惡瘡不愈有神效又主破血宜產婦口齒方燒灰或作末揩齒宣露治淋取滿兩手以水煑服此菜生田野中人取以作羹或生食之或煑食益人即鷄腸草也

蕺菜味辛微温主蠷螋溺瘡多食令人氣喘

蕺菜

東風菜

東風菜味甘寒無毒主風毒壅熱頭痛目眩肝熱眼赤入羹臛煑食甚美此菜生平澤莖高二三尺葉似杏葉而長極厚軟上有細毛先春而生故有東風之號

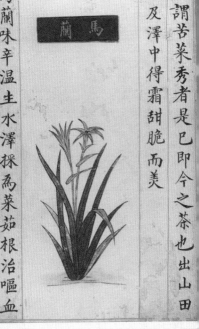

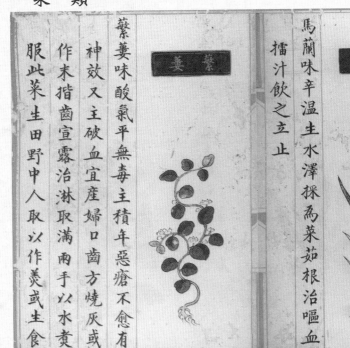

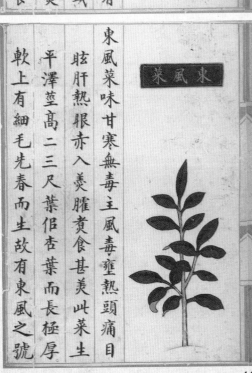

油菜

油菜味甘主滑胃通結氣利大小便冬種春長形色俱佀白菜根微紫抽嫩心開黃花取其薹為菜茹甚佳子枯取以榨油味如麻油但畧黃耳一種黃瓜菜形佀油菜但味少苦野生平澤中取為羮茹亦甚香美

藕絲菜

藕絲菜味甘寒解熱渴煩毒下瘀血即雞子管也

莫菜

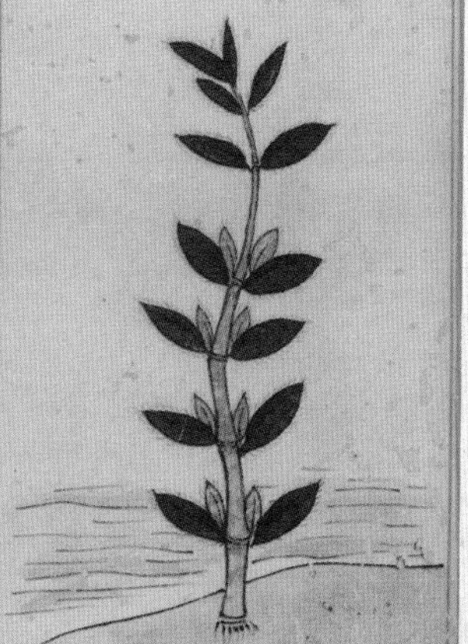

莫菜味酢而滑生水浸濕地去皮膚風熱莖大如箸赤節一葉佀柳葉厚而長有毛刺可為羮始生又可生食

白花菜

白花菜味甘氣臭性寒生食苦淹以為葅動風氣下氣滯臟腑多食令人胃悶滿傷脾一種黃花菜同此類

蘋

蘋味辛酸寒無毒主暴熱身痒下水氣勝酒長鬚髮止消渴下氣久服輕身季春始生可糝蒸為茹詩所謂采蘋采藻以供祭者是也昔楚昭王渡江獲蘋實如斗剖而食之甜如蜜即此但不可多得也蘋有三種

藻

藻有二種皆可食熟挼去腥氣米麪糝蒸為茹甚佳美饑年以充食一種海藻味苦寒鹹無毒主癭瘤氣頸下核破散結氣癰腫癥瘕堅氣腹中上下鳴下十二水腫療皮間積聚暴癀留氣熱結利小便一名海帶

蒲蒻

蒲蒻味甘微寒主消渴生啖之脆美詩云維筍及蒲是也

蓼

蓼味辛氣温無毒主明目温中耐風寒下水氣面目浮腫癰瘍瘰癧歸鼻除腎氣葉歸舌除大小腸氣利中霍亂轉筋多

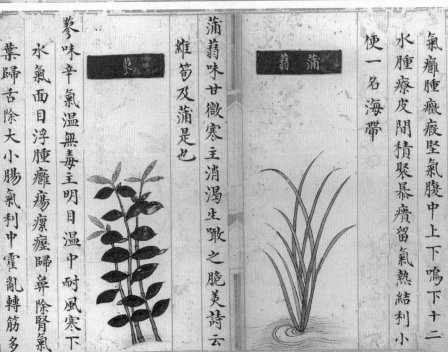

取煑湯及熱將脚又擣傅小兒頭瘡馬
蓼去腸中蛭蟲水蓼擣傅蛇咬又煑漬
脚將之消脚氣腫脚痛成瘡頻淋洗之
此菜人所多食或暴乾亦佳

葛根

葛根味甘寒無毒主癰腫惡瘡冬月取生
者以水中揉出粉成絜煎沸湯擘塊下
湯中良久色如膠其體甚韌以蜜湯中
拌食之用薑屑尤佳治中熱酒渴病多
食利小便亦能使人利切以茶食亦甘
美又生者煨熱極補人

白蘘荷

白蘘荷微溫主中蠱及瘧有赤白二種根
莖葉可為菹

胡葱

胡葱味辛溫平消穀下氣殺蟲久食傷神
損性令人多忘損目明尤發痼疾患胡
臭人不可食令轉甚

鹿葱

鹿葱味甘涼無毒根治沙淋下水氣主酒

疸黃色通身者取根擣汁服嫩苗煑食又主小便澁身體煩熱花名宜男炒以點茶又安五臟利心志令人好歡樂忘憂輕身明目利胷膈甚佳詩曰焉得諼草即此也

芸薹

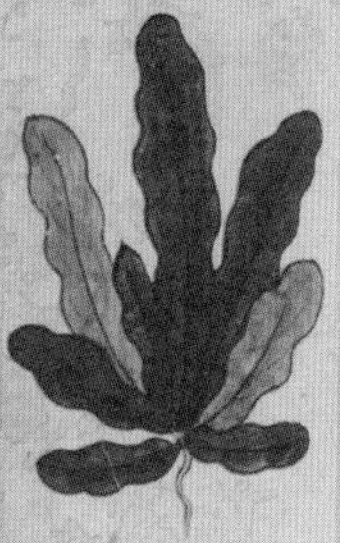

芸薹味辛溫無毒主風游丹腫乳癰煑食主腰脚痺破癥瘕結血多食損陽氣發瘡口齒痛又生腹中諸蟲

菫菜

菫菜味甘寒無毒主蛇蝎毒及癰腫此菜

野生久食除心煩熱令人身體懈墮多睡一云苦主寒熱功同香茂

苜蓿

苜蓿味甘淡嫩採食之利大小腸煑羹甚香美乾食益人

落葵

落葵味酸寒無毒主滑中散熱子主悅澤人面人被犬咬食此菜終身不差

秦荻藜

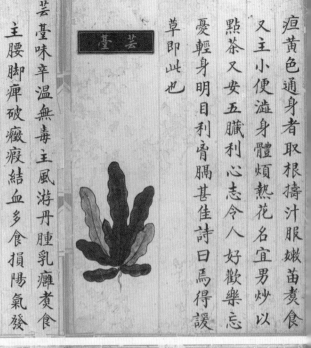

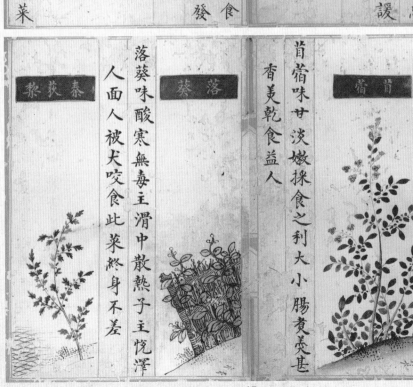

黍荻黎味辛温無毒主心腹冷脹下氣消
食於生菜中最香美甚破氣又名五辛

甘藍

甘藍平補骨髓利臓腑并關節通經絡中
結氣明目耳健人少睡益心力壯筋骨
治黄毒煑作葅食去心結伏氣

翹搖菜

翹搖菜味辛平無毒主破血止血生肌充
生菜食之又主五種黄病煑熟甚益人

和五臓明耳目去熱風令人軽健長食
不厭此菜生平澤紫花蔓生如勞豆是
也

荏菜

荏菜味辛温無毒主調中去臭氣子主欬
逆下氣温中補體可以搾油生食止渴
潤肺

羅勒菜

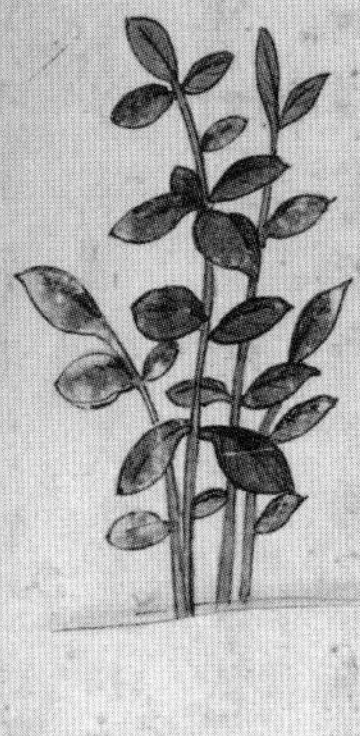

羅勒菜味辛温微毒調中消食去惡氣消

水氣宜生食多食壅關節澁榮衛令血
脉不行動風發脚氣療齒根爛瘡為灰
用甚良子主目醫風赤眵淚根主小兒
黃爛瘡燒灰傳之北人呼為蘭香是也
右諸菜皆地產陰物所以養陰固宜
食之丹溪云司踈洩者菜也謂之蔬
有踈通之義焉食之則腸胃宣暢而
無壅滯之患儒先曰人若咬得菜根
斷則百事可做故食菜既足以養身
又有以養德也

食物本草卷一終

食物本草卷二

果類

藕

藕味甘平寒無毒主熱渴煩悶産後血悶散血生肌止洩鮮酒毒開胃止怒久食心歡産後忌生冷惟藕不忌以其破血也蒸煑熟則開胃甚補五臟實下焦與蜜同食令腹臓肥不生蟲白蓮者尤佳

蓮子

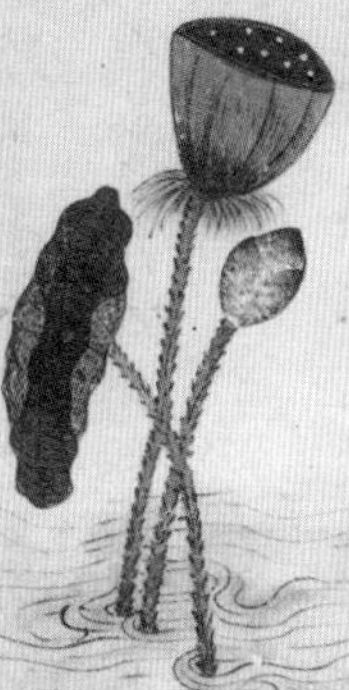

蓮子味甘平寒無毒補中安心神養氣力益經脉除百病止渴止痢治腰痛洩精久服輕身耐老延年不饑多食令人喜生者動氣脹人熟者良並宜去心葉及房皆破血胎衣不下酒煑服之葉蒂味苦主安胎去惡血留好血血痢煑服之花忌地黄蒜鎮心輕身益色駐顔

棗

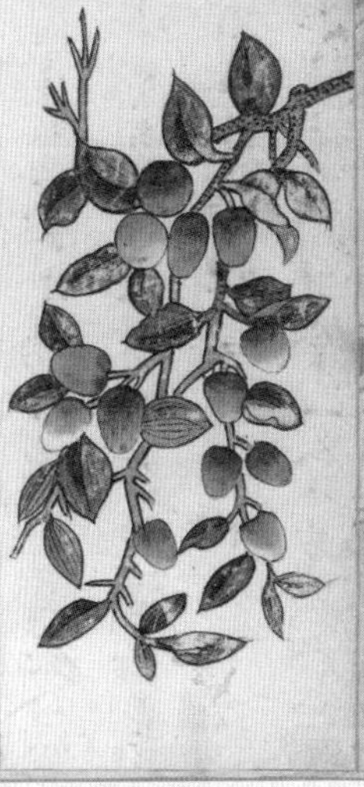

棗生者味甘平無毒多食令人寒熱腹脹滑腸難化羸瘦人尤不可食熟者味甘温無毒主心腹邪氣安中補虚益氣養脾助十二經平胃氣通九竅潤心肺止

嗽補少氣少津液身中不足大驚四肢重和百藥久服輕身延年一云多食動風動嗽三年陳者核中仁主腹痛惡氣棗類甚多大抵以青州所出者肉厚為最不可同生葱食中滿者與牙痛者俱不可食小兒多食生疳損齒丹溪云棗屬土而有火味甘性緩經云甘先入脾又謂補脾未嘗用甘令人食甘多者惟脾受病小兒若患秋痢與蟲食之良

栗

栗味鹹氣温無毒主益氣厚腸胃補腎氣腰脚無力破痃癖治血大效生則發氣熟則滯氣或日暴乾或灰火中煨令汗出或以潤砂藏之或袋盛當風懸之並令去其木氣食之良此乃果中最有一子名栗楔尤好治血更效宣州及北地所產小者為勝餘雖有數種實一類也小兒不宜多食難化患風水病者不宜食以其味鹹也戒之殼煑汁飲之反胃消渴

葡萄

葡萄味甘平無毒主筋骨濕痺益氣力令人肥健耐寒利小便瘡疹不發取其子汁釀酒甚美不可多食其形色非一類大抵功用有優劣也丹溪云葡萄能下

走滲道西北人稟厚食之無恙東南人
食多則病熱矣

柿

柿味甘氣寒無毒屬陰主通耳鼻氣補勞
潤心肺止渴澁腸療肺痿心熱咳消痰
開胃治吐血烏柿火薰捻作餅者温止
痢及潤聲喉殺蟲乾柿日暴乾者微冷
厚腸胃澁中健脾潤聲喉殺蟲多食去
面皯及腹中宿血酥蜜煎食益脾若風
中自乾者亦動風黃柿將熟未熟者為
黃柿和米粉蒸作糕小兒食之止痢紅
柿樹上紅熟者冷解酒毒一云非也止
口渴厭胃熱飲酒食之心痛直至死且
易醉醂柿水養者入鹽有毒澁下焦健
脾胃消宿血朱柿小而紅圓可愛者甚
甘美牛妳柿小而似牛妳者至冷不可
多食令人火乾者名柿花貨之四方多
用以喂小兒止瀉痢益脾胃蓋亦經火
焙性不冷矣欖柿即綠柿惟堪生啖性
冷更甚去胃熱厭丹石藥利水解酒毒
久食令人寒中丹溪云柿屬金而有土
為陰而有收之意止血治嗽亦可為助
同蟹食即腹痛大瀉

桃

桃味甘酸熱微毒益色辟邪發丹石毒多
食令人忌食又不可與鱉同食食之浴

水成淋病其類甚多仁味苦甘氣平苦重於甘陰中陽也無毒入手足厥陰經主瘀血血閉血結血燥癥瘕邪氣殺小蟲通潤大便除卒暴擊血通月水止痛苦以破滯血甘以生新血花味苦殺疰惡鬼令人好顏色除水腫石淋利大小便殺三蟲酒浸服之除百病桃梟即桃實著樹不落實中者正月採之吐血諸藥不效取此燒灰存性米湯調服立愈桃蟲殺鬼邪惡不祥葉味苦主除尸蟲出瘡中蟲桃膠下石淋破血鍊之保中不飢輕身忍風寒莖與皮味苦辛除邪鬼中惡腹痛去胃中熱蓋桃乃五木之精仙木也少則華盛實甘且大蟠桃之說有自來矣

杏

杏味甘酸熱有毒多食傷筋骨傷神盲目小兒尤不可食致瘡癰及上膈熱仁味甘苦氣溫有小毒入手太陰經主欬逆上氣雷鳴喉痺下氣定喘潤心肺散肺經風寒咳嗽消心下急滿痛散結潤燥產乳金瘡寒心奔豚等疾丹溪云性熱因寒者可用東垣云杏仁下喘治氣也桃仁療狂治血也俱治大便燥但有血氣之分耳花味苦主補不足女子傷中寒熱痺厥逆

石榴

石榴味甘酸無毒主療咽燥渴多食損人肺齒令黑酸者止痢澁腸漏精甜者理乳壓丹石毒有子白而大者名水精榴味甘美丹溪曰榴者留也味酸性滯戀膈成痰東行根療蚘蟲寸白花百葉者主心熱吐血及衄血乾之作末吹鼻中立差金瘡刀斧傷破流血和石灰擣末傅上即愈

乳梨

鵞梨

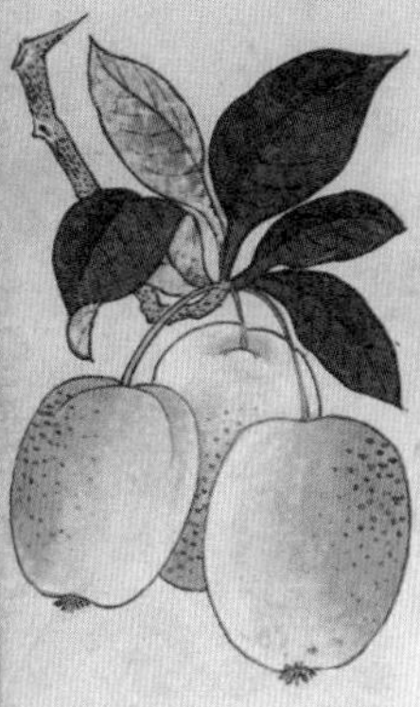

消梨

水梨

紫糜梨

赤梨

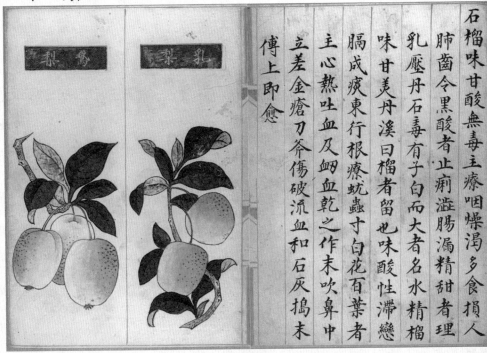

青梨

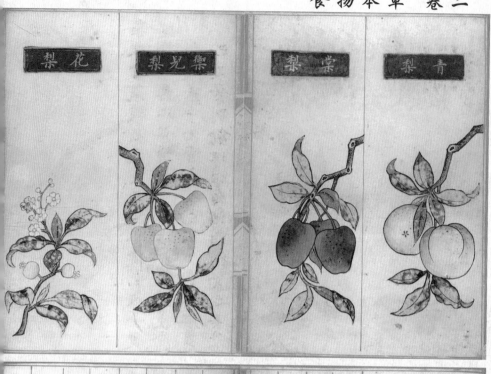

棠梨

欒兒梨

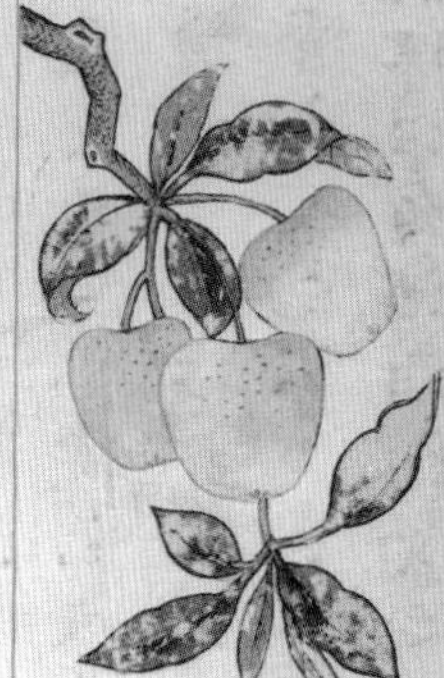

花梨

茅梨

梨味甘微酸氣寒主熱嗽止渴利大小便除客熱止心煩通胃中痞塞熱結多食令人寒中金瘡乳婦尤不可食以血虛也又食則動脾惟病酒煩渴食之甚佳亦不能却疾種類甚多此則乳梨鵞梨消梨近是矣出宣城皮厚肉實味長鵞梨出西北州郡皮薄漿多味差而香則過之消梨甘南北各處所出有味甚美而大至一二斤者餘如水梨紫糜梨赤梨青梨棠梨欒兒梨花梨茅梨之類未聞入藥用丹溪云梨者利也流利不行之謂也

果類

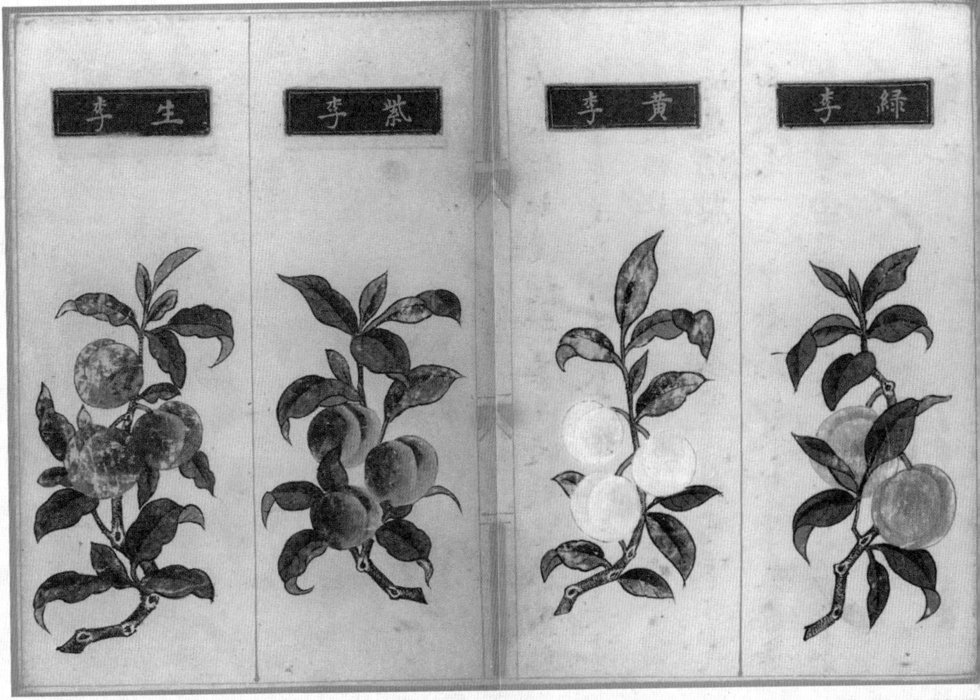

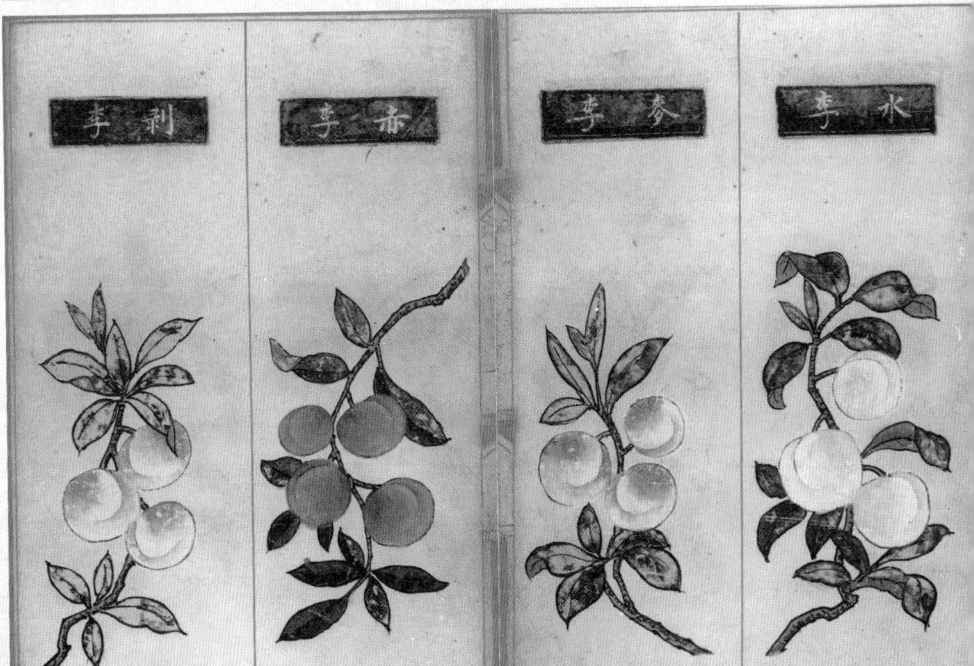

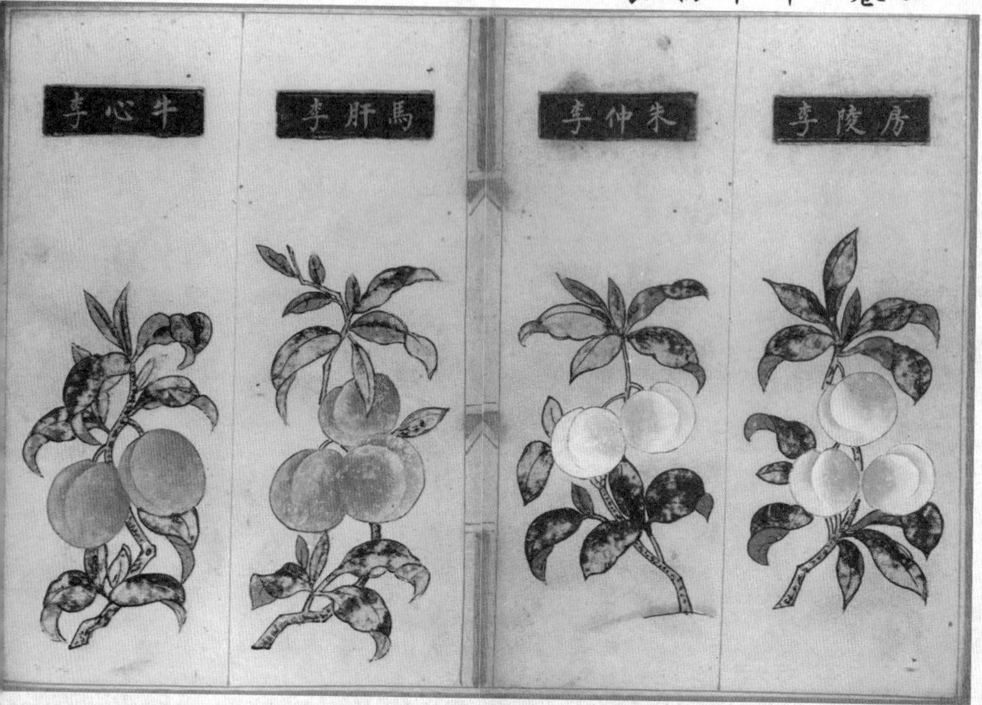
牛心李
馬肝李
朱仲李
房陵李

蠅李
家李
臙脂李
朝天李

青葱李

炭李

道州李

翠李

十月李

李味苦酸平温無毒除痼熱調中益氣不可多食令人虛熱不可與蜜及雀肉食損五臟種類甚多有緑李黃李紫李生李水李麥李赤李剥李房陵李朱仲李馬肝李牛心李朝天李臙脂李蜜李蠟李青葱李炭李道州李翠李十月李俱可食而不可多也仁苦平無毒主僵仆躋瘀血骨痛根皮大寒主消渴止心煩逆奔氣

柰子

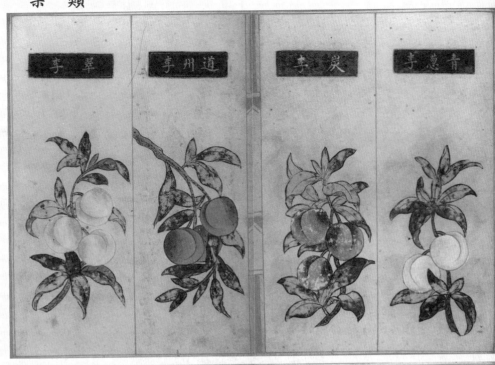

柰子味苦澁寒多食令人脹又云治飽食後肺壅氣脹

胡桃

胡桃味甘平氣溫無毒食之令人肥健潤肌黑髮補下元亦用之多食利小便動風生痰助腎火又云去五痔通血脉食酸齒齼者細嚼解之丹溪云屬土而有火性熱本草言甘平是無熱也又云脫眉動風非熱何以傷肺

楊梅

楊梅味酸溫無毒去痰去嘔消食下酒和五臟除煩憒惡氣甚能止痢多食令人發熱亦能損齒及筋骨也

林檎

林檎味酸甘溫發熱澁氣止洩痢遺精霍亂肚痛消食止渴多食令人睡發冷痰生癰癤脉閉不行

橄欖

橄欖味酸澁甘溫無毒主消酒開胃下氣止洩解魚毒尤解鯸鮐魚毒核中仁去

暴渴利小便多食令人脾冷發痼癖大腸洩山柑皮療喉痛餘不堪

土瓜

土瓜味苦甘寒無毒主消渴內痺月閉帶下益氣行乳止小便療口瘡久食發脚氣不能行

山查

山查味酸無毒健脾消食去積行結氣催瘡痛治兒枕痛濃煎汁入沙糖調服主效小兒食之更宜

甘蔗

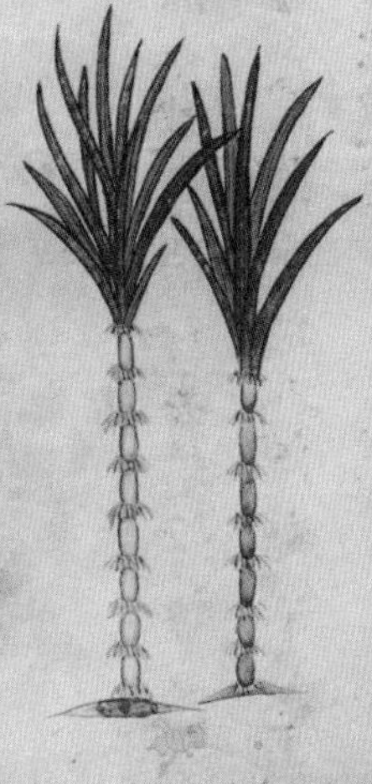

甘蔗味甘平無毒主下氣和中助脾氣利大腸病反胃取擣汁和薑汁服之愈又云療發熱口乾小便澁

落花生

落花生藤蔓莖葉似匾豆開花落地一花就地結一果大如桃深秋取食之味甘美異常人所珎貴

白梅

梅味酸平無毒生食止渴損齒傷骨一云利筋骨蝕肺胃令人膈發虛熱脹黃精人尤不可食烏梅煖無毒主下氣除煩熱收肺氣安心止痢澁腸消酒毒去痰治瘧瘴痳痺霍亂虛勞骨蒸多食不宜白梅鹽醃暴乾者本草只用烏梅白梅研傅刀箭傷止血刺在肉中嚼封之即出乳癰腫毒杵爛貼佳又和藥點痣書曰若作和羹爾惟鹽梅者是也

芡

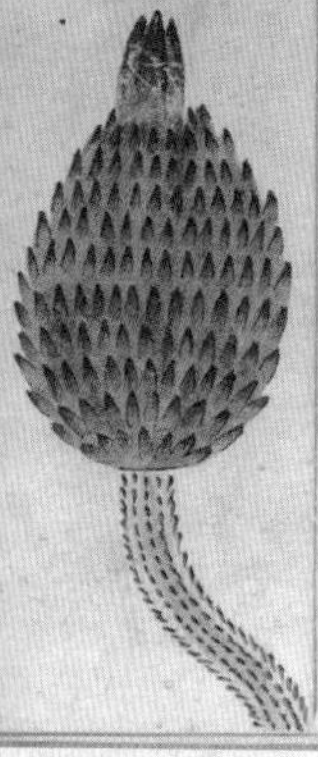

芡味甘氣平無毒主濕痺腰脊脚痛補中益精開胃助氣小兒食之不長蒸暴作粉食良生食動風氣多食不益脾胃且難化一云令膈上熱

櫻桃

櫻桃味甘溫主調中益脾令人好顏色止痢幷洩精多食發虛熱丹溪言大熱而發濕日華子言微毒食多令人吐衍義言小兒食之過多無不作熱舊有熱病與歎喘者食之立病

菱角

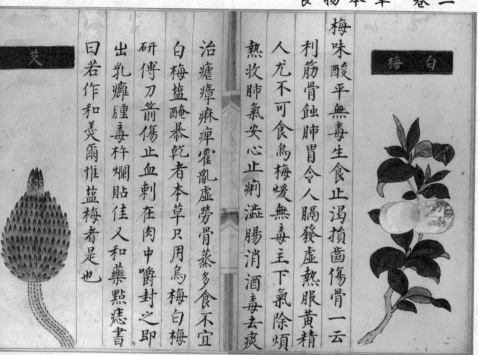

菱角味甘平無毒主安中補五臟不飢輕身四角三角曰芰兩角曰菱又云芰實作粉蜜和食之可休糧此物最不宜人多食令臟腑冷損陽氣陰不強不益脾且難化惟鮮丹石毒生者熱者食致脹滿用薑酒一二盃鮮之不可合白蜜食令生蟲

荔枝

荔枝味甘微酸溫無毒止煩渴美顏色通神健脾極甘美益人食之不厭然太多亦發虛熱飲蜜漿一盃即鮮丹溪言曰此果肉屬陽主散無形質之滯氣故能消瘤癭赤腫以核慢火中燒存性為末酒調服治心痛及小大腸氣

圓眼

圓眼味甘平無毒主五臟邪氣安志壓食故醫方歸脾湯用之除蠱毒久服輕身不老通神明一名益智閩中出者味勝生食不及荔枝故曰荔奴

松子

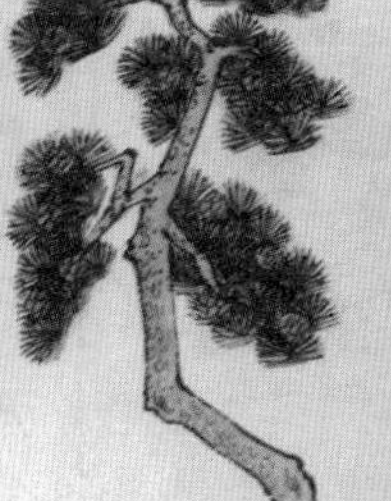

松子味甘溫無毒主風寒氣虛羸少氣補不足服食有法列仙傳言偓佺好食松

子能飛走及奔馬一種海松子主骨節
風頭眩去死肌白髮散水氣潤五臟不
飢

榛子

榛子味甘平無毒益氣力實腸胃調中不
飢健行甚驗

檳榔

檳榔味辛溫無毒消穀逐水除痰癖洩滿
下氣宣臟腑壅滯墜諸藥下行殺三蟲
及寸白多食傷真氣閩廣人取蒟醬葉
裹檳榔食之辛香膈間爽快加蜆灰更
佳但吐紅不雅一名扶留所謂檳榔為
命雜扶留是也

黃精

黃精味甘平無毒補中益氣除風濕益脾
潤肺九蒸九暴食之又言餌之可以長
生

木瓜

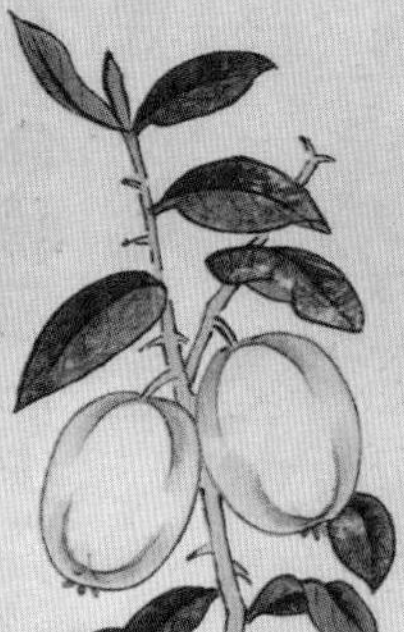

木瓜味酸溫無毒主濕痺脚氣霍亂吐下
轉筋不止稟得木之正故入肝利筋骨

及血病腰腿無力調榮衛助穀氣驅濕
滋脾益肺辛香去惡心嘔逆膈痰心中
酸水多食酸䬦損齒以蜜作煎作糕供
湯食佳凡用勿犯刀鐵

橙

橙皮味苦辛溫散腸胃惡氣消食去惡心
及胸中浮風氣醒宿酒或單食或和鹽
及蜜食或作醬醋及和五味入魚肉菜
中食甚香美且殺蟲魚毒其瓤挼去酸
水細皮鹽蜜煎食去胃中惡氣浮風有
大小二種皮厚皺者佳

橘

橘味辛苦溫無毒主胸中瘕熱逆氣利水
穀除膈間痰導滯氣止嘔欬吐逆霍亂
洩瀉久服去臭下氣通神去寸白理肺
氣脾胃降痰消食青橘葉導胸脇逆氣
行肝氣乳腫痛及脇癰藥中用之以行
經核治腰痛膀光氣痛腎冷炒去穀研
酒調服青皮味苦辛氣寒足厥陰經陽
經藥入手少陽經主氣滯消食破積結
膈氣治小腹痛須用之瀉肝氣治脇痛
須醋炒用勿多服損人真氣陳皮治高
青皮治低

柑

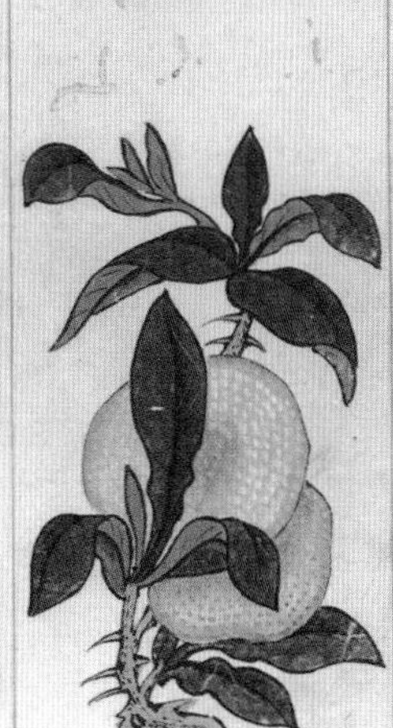

柑味甘大寒主利腸胃中毒熱解丹石止

唇吻燥痛丹溪云味澁而生甘醉飽宜之然性熱多食能致上壅核分二瓣蜜漬食佳

西瓜

楊溪瓜

西瓜味淡甘寒壓煩熱消暑毒療喉痺有天生白虎湯之號多食作泄痢與油餅之類同食損胃一種名楊溪瓜秋生冬熟形畧長匾而大瓤色臙紅味勝西瓜可留至次年夏間或曰是異人所遺之種也

枇杷

枇杷味甘酸寒無毒利五臟潤肺下氣止嘔止渴多食發痰熱不可與炙肉麪同食令人發黃病葉味苦氣平無毒拂去毛用主卒嘔啘不止不下食治肺熱久嗽并渴疾又療婦人產後口乾其木白皮亦主吐逆不下食

榧子

榧子味甘無毒主五痔去三蟲蠱毒鬼疰令人能食消穀助筋骨行榮衛明目輕身有患寸白蟲者化蟲為水多食不發病又云五痔人常食之則愈過多則滑腸麄榧其木相似但理麄色赤其子稍肥大僅圓不尖本草有彼子味温有毒主腹中邪氣去三蟲蛇螫蠱毒鬼疰伏尸又爾雅云彼當作柀木似柏子名榧蓋柀子即麄榧也丹溪云榧柿家果也火炒食之香酥甘美但引火入肺大腸受傷

麄榧

椰子

椰子肉益氣治風漿似酒飲之不醉主消渴吐血水腫去風熱塗頭益髮令黑丹溪云椰子生海外極熱之地土人賴此解夏月毒渴天之生物各因其材多食氣動穀為酒器酒有毒則沸起令人或漆或相殊失其義

櫧子

櫧子味苦澁止洩痢破除惡血止渴食之不飢健行有甜苦二種製作粉食糕食

甚佳

覆盆子

覆盆子味甘酸氣平微熱無毒主輕身益氣令髮不白顏色好又主男子腎虛精竭陰痿女子食之有子熟時軟紅可愛五月採之失採則枝就生蟲製為蜜煎食更佳

鳧茨

鳧茨味苦甘微寒無毒主消渴痺熱溫中益氣作粉食之厚人腸胃不飢服丹石人尤宜又云不可多食相傳謂鳧茨性善毀銅着之皆碎未嘗試即今葧臍也

茨菰

茨菰味甘主百毒產後血悶攻心欲死產難胎衣不出擣汁服之愈多食令人患脚氣癱緩風損齒令人失顏色皮肉乾燥卒食之令人嘔水

豆蔻

豆蔻味辛溫無毒主溫中心腹痛嘔去口臭氣鮮食佳也

菴羅果

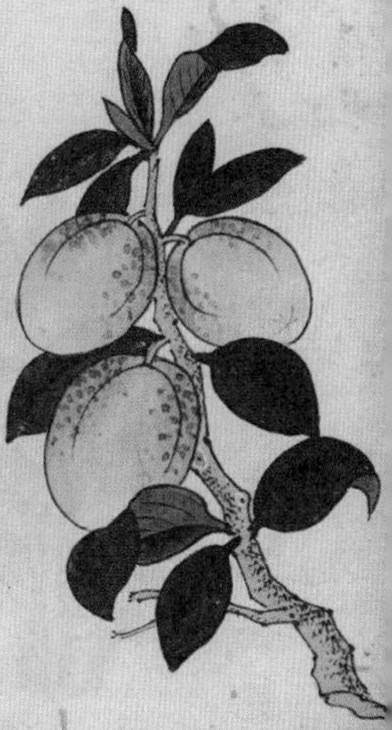

菴羅果味甘温食之止渴動風氣時疰及
飽食後不可食又不可與大蒜辛物同
食令人患黄病樹生狀似林檎

梧桐子

梧桐子四月開淡黄小花如棗花枝頭出
絲墮地或油沾衣履五六月結子人收
炒作果多食亦動風氣月令所謂清明
之日桐始華者即此

茱萸

茱萸味辛苦大熱無毒又云呉生者味辛
温大熱有小毒主温中下氣止痛欬逆
寒熱除濕痹逐風邪開腠理去痰冷腹
内絞痛諸冷食不消中惡心腹痛逆氣
利五臟又云此物最下氣速腸虚人服
之愈甚根殺三蟲治喉痺止洩瀉不消
療經產餘血并白癬鄉人一時間倉卒
無藥用此多愈山間之至寶也

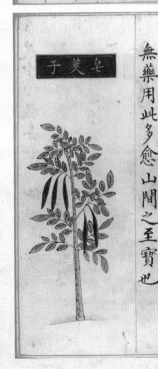

皂莢子

皂莢子炒舂去赤皮仁將水浸軟煑熟以糖蜜漬之甚踈導五臟風熱壅氣辟邪氣瘴氣有驗

榅桲

榅桲味酸甘微温無毒主温中下氣消食除心間醋水食之須去淨浮毛否則損人肺令嗽

金櫻子

金櫻子味酸澁平無毒療脾洩下痢止小便利澁精久服令人耐寒輕身殺寸白蟲和鐵粉可以染髮去子留皮熬成稀膏用煖酒服其功不可盡載

楮實

楮實味甘寒無毒主陰痿水腫益氣充肌膚明目久服不飢不老輕身其實初夏生彈丸大至六七月漸深紅色成熟可製食之葉主小兒身熱食不生肌可作浴湯又主惡瘡生肉皮間主逐水利小便莖主癮瘮痒單用煑湯浴汁主塗癬一云挼數枚煑肉易爛與栢實皆可食

獼猴桃

獼猴桃味酸甘寒無毒止暴渴解煩熱冷脾胃動洩澼壓丹石下石淋熱壅不可多食令人臟寒洩此桃考之本草言藤生附樹葉圓有毛其形似鷄卵大其皮褐色經霜始甘美可食衍義言生則極酸十月爛熟始食

羊桃

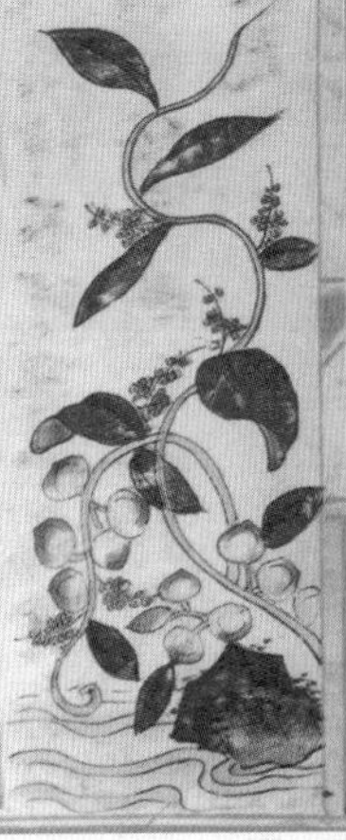

羊桃味甘寒主熛熱風水積聚詩名萇楚與獼猴桃類

羊棗

羊棗實小黑而圓又謂之羊矢棗

桑椹

桑椹味甘寒主消渴或暴乾和蜜食之令人聰明安魂鎮神不可與小兒食令心寒詩註言鳩食椹多則致醉物類之相制也有如此夫

銀杏

銀杏味甘苦平無毒主痰動風氣與鰻魚同食令人軟風小兒食之發驚

無花果

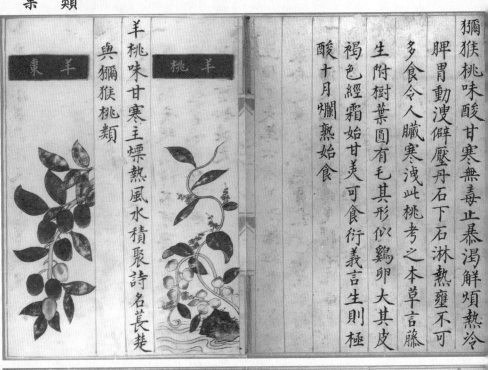

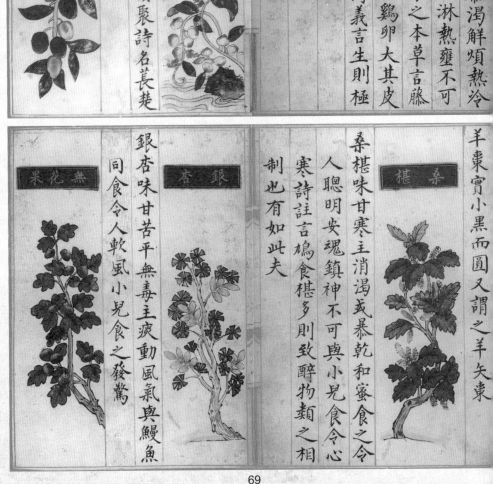

無花果味甘開胃止洩痢色如青李而稍長

柚

柚橘類本草謂橘柚一物考之郭璞曰柚似橙而大於橘呂氏春秋曰果之美者有江渚之橘雲夢之柚楚辭亦然日華子云柚子無毒治妊孕人吃食少并口淡去胃中惡氣消食去腸胃氣解酒毒治飲酒人口氣柚橘二物分矣附之以俟知者擇焉

右諸果皆地產陰物雖各有陰陽寒熱之分大率言之陰物所以養陰人病多屬陰虛宜食之然果食則生冷或成濕熱乾則硬燥難化而成積聚小兒尤忌故火熟先君子果熟後君子之說古人致謹良有以也但四方果類甚多土產各有所宜名色各有所異氣味各有所投不復悉云

食物本草卷二終

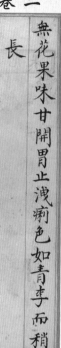

食物本草卷三

禽類　獸類

禽類

白鵞

蒼鵞

鵞肉利五臟觧煩止渴白者勝又云性冷
不可多食令人霍亂發痼疾白鵞膏氣
微寒無毒主耳卒聾以灌之又潤皮膚
毛主射工水毒又飲其血及塗身又主
小兒驚癎極者又燒灰主噎蒼者有毒
發瘡膿卵温補中益氣補五臟多食發
痼疾

白鴨

黄雌鴨

緑頭鴨

鴨肉補虛除熱和臟腑利水道消脹止驚癇解丹毒止痢血解毒頭治水腫白鴨尤佳屎殺石藥毒解結縛散蓄熱主熱毒痢為末水調服之熱腫毒瘡和雞卵白傅之又傅蚰蜒咬瘡良黃雌鴨最補綠頭鴨青頭鴨佳黑鴨滑中發冷痢脚氣卵微寒主心膈熱發氣弁冷疾小兒食之脚軟塩醃者稍可肉與卵並不可與鱉肉同食害人

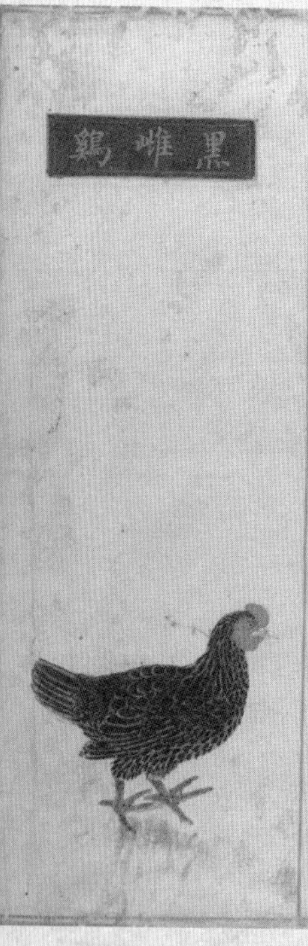

黄雌鷄

鷄補虛羸甚要屬巽巽為風故有風病人食之無不發作丹雄鷄味甘氣微温無毒一云有小毒主女人崩中漏下赤白沃補虛温中止血通神殺毒辟不者刺血滴口主乳難療白癜風諸瘡人自縊死心下温祥冠血益氣中男雌女雄百蟲入耳中滴之即出頭主殺鬼烏雄鷄肉微温無毒主補虛弱止心腹痛安胎療折傷痹病膽主療目不明肌瘡心主五邪肝及左翅毛主起陰冠血主乳難血主踒折骨痛及痿痺肪主耳聾腸主遺溺小便數不禁肶內黃皮微寒主洩

痢小便遺溺除熱止煩并屎血崩中帶下屎白微寒主消渴傷寒寒熱破石淋及轉筋滅瘢痕傅風痛白雄雞肉味酸微温主下氣療狂邪安五臟傷中消渴調中利小便去丹毒三年者能為神鬼所使黑雌鷄肉味甘温無毒主風寒濕痺安胎止產後下血虛羸五緩六急安心定志除邪辟惡腹痛及痿折骨痛乳難翮羽主下血閉黃雌鷄肉味甘酸温平無毒主傷中消渴小便數不禁腸澼洩痢補益五臟續絕傷添精髓止勞劣助陽利水腫筋骨主小兒羸瘦食不生肌鷄子主除熱火瘡癇痓可作琥珀神物卵白微寒療目熱赤痛除心下伏熱止煩滿欬逆小兒下洩婦人產難胞衣不出醯清之療黃疸破大煩熱卵中白

皮主久欬結氣麻黃紫菀和服之立愈
凡鷄以光粉和飲餵之後取食之尤補
益卵黃溫卵白微寒黃鷄所下者為最
素問曰陰不足補之以血鷄卵血也卵
不可多食動風氣有毒醋解之抱鷄肉
不可食發疽鷄具五色者勿食與烏鷄
白頭者又不可與蒜薤芥菜李子牛肉
兎肉汁肝腎同食各致病小兒五歲以
下不可與鷄肉食令生蟲妊娠食亦令
子腹内生蟲丹溪言鷄助肝火衍義云
雞動風者亦習俗所移然鷄屬土而有
金與木火性補故助濕中之火病邪得
之為有助而病劇也

鶩肪

鶩肪味甘無毒主風虛寒熱考之禮云庶
人執鶩尸子云野鴨為鳧家鴨為鶩然
王勃滕王閣序又謂落霞與孤鶩齊飛
則野鴨亦謂之鶩唐本别錄云鴨肪主
水腫陶隱居言此鶩為家鴨肪用者擇之

野鴨

刀鴨

油鴨

野鴨涼無毒補中益氣助力大益病人消

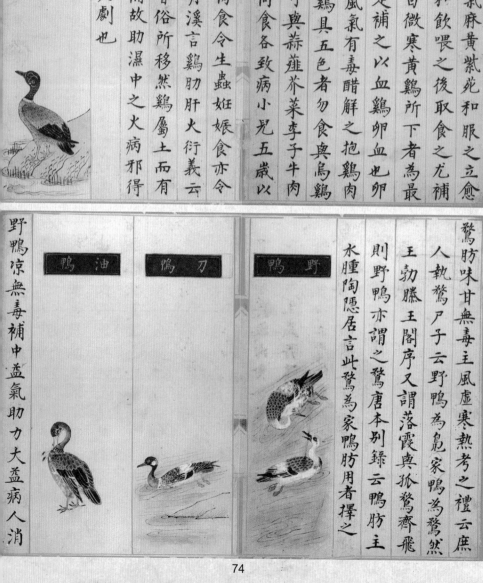

食殺十二種蟲又多年小熱瘡多食即差一種小者名刀鴨味最重食之更補人虛九月後至立春前食之絕勝家鴨不可與木耳胡桃豆豉同食又一種名油鴨味更佳

鳩

鳩味甘氣平無毒主明目補氣助陰陽有有斑者有無斑者大者小者之不一其用一也詩名鵻又鵻鳩水鳥也

黃褐侯鳩

黃褐侯鳩類主蟻瘻惡瘡安五臟助氣虛

損排膿血并一切癰癤五味醃炙食之極甘美一種青鳩同用

鵓鴿

鵓鴿肉暖無毒調精益氣解一切藥毒食之益人若服藥人食之減藥力無效又治惡瘡疥癬風瘙白癩癧瘍風炒酒服之白色者佳

鴈

鴇

鴈味甘氣平無毒主風攣拘偏枯氣不通利久服益氣不饑輕身耐老六月勿食傷神氣一種鴇無後趾亦鴈頭

鵪鶉

鵪鶉味甘平補五臟益中續氣實筋骨耐寒溫消結熱小豆和生薑煑食之止洩痢酥煎令人下焦肥與猪肉同食令人生小黑子和菌子食發痔小兒患疳及下痢五色旦旦食之有效春月勿食本草言蝦蟆所化素問言田鼠化為鴽即鶉也寇宗奭曰鶉有雌雄卵生非化也

雉

雉肉味酸微寒無毒一云溫微毒補中益氣力止洩痢小便多除蟻瘻又治消渴飲水無度雉和塩豉作羹食又治脾胃氣虛下痢日夜不止腸滑不下食良又云雖野味之貴食之損多益少九月十一月食之有補餘月有小毒發五痔疥瘡又不可與胡桃木耳菌蕈同食發痔疾立下血有癇疾不可食一種微小於雉走而且鳴詩所謂有集維鷮是也

錦鷄

錦鷄肉食之令人聰明文彩形狀略似雉雉毛羽皆作圓斑點尾倍長嗉有肉綬晴則舒於外人謂之吐錦

練鵲

練鵲味甘平温無毒主益氣治風疾冬春
間取食之

鷓鴣

鷓鴣味甘温無毒主補五臟益心力觧野
葛蛇菌等毒及瘟瘴病久而危者合毛
熬酒漬之或生擣汁服良脂澤手不裂
食之忌笋

雀

黄雀

雀肉大温無毒起陽道益精髓暖腰膝令
有子冬月者良取其陰陽未决也卵味
酸氣温無毒主下氣男子陰痿不起强
之令熱多精有子腦主耳聾塗凍瘡立
差頭令主雀盲鷄矇眼是也雄雀屎名
白丁香兩頭尖者是五月取之良研如
粉煎甘草湯浸一宿乾任用療目赤痛
生弩肉赤白膜赤脉貫瞳用男首生乳
和如薄泥點之即消神效决癰癤塗之
立潰女下帶下溺不利蜜和丸服又急
黄欲危以兩枚研水温服愈齲齒有蟲
痛用綿裹塞孔内日一二易之喉痺口

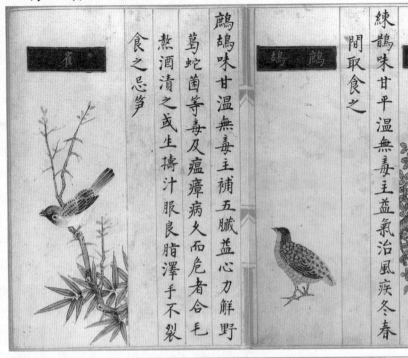

禁研調溫水灌之半錢匕又除疝瘕痃癖諸塊伏梁一種似雀而小八九月內群飛田間謂之黃雀亦可食用稍不及

蒿雀

蒿雀味甘溫益陽道腦塗凍瘡手足不皸此雀青黑在蒿間坰野彌多食之美於諸雀性極熱最補益人

鵲

鵲一名乾鵲一名喜鵲雄者肉味甘氣寒無毒燒作灰以石投中散解者雄又曰凡鳥左翼覆右者雄右翼覆左者雌雄鵲主石淋消結熱燒作灰淋取汁飲之石即下巢多年者療顛狂鬼魅及蠱毒等燒之仍呼祟物名號亦傳瘻瘡良

鴝鵒

鴝鵒肉味甘平無毒主五痔止血炙食或為散飲服之又治老嗽及吃噫目睛和乳汁點眼中能見煙霄外物

白鷳

白鷳肉可食本草謂其堪畜養或疑即白

雉也

鴛鴦

鴛鴦味鹹平有小毒主諸瘻疥癬以酒浸炙熱傅其上令即易一云食其肉令人患大風

鸂鶒

鸂鶒味甘平無毒治驚邪及中水中短狐疾

鸕鷀

鸕鷀肉冷微毒頭骨主鯁及噎燒服之屎治小兒疳蚘

玄鶴

黃鶴

白鶴

蒼白鶴

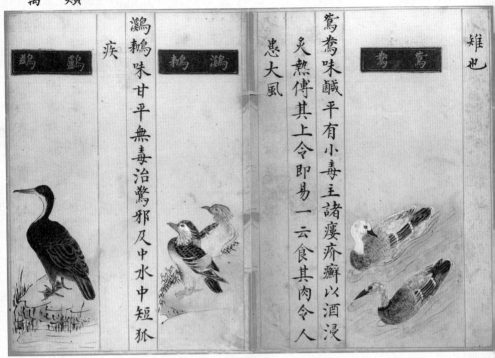

鶴味鹹平無毒血主益氣力補勞乏去風益肺肫中沙石子磨服蠱毒邪鶴有玄有黃有白有蒼白者良

烏鴉

慈鴉

烏鴉平無毒治瘦欬嗽骨蒸勞目睛注目中治目一種慈鴉味酸鹹平無毒用皆同詩謂弁彼鸒斯是也

鸛

鸛味甘無毒脚骨主喉痺飛尸蛇虺咬及小兒閃癖大腹痞滿并煮汁服之又云鸛骨大寒治尸疰腹痛炙令黃為末空心暖酒服方寸匕又云有小毒殺樹木沐湯中着少許令毛髮盡脫更不生入藥用白者良

鷹

鷹肉食之主邪魅五痔屎主傷撻滅瘢合殭蠶衣魚為膏甚驗眼和乳汁研之夜

三注眼中三日見碧霄中物一種鶚用
與鷹同詩云鴥彼晨風亦此類鸇也

鳶

鳶其飛戾於天本草謂之鴟味鹹平無毒
主頭風眩顛倒癎疾得之者宜藏其首

鶻鵃鳩

鷙

鶻鵃鳩類肉味鹹平無毒助氣益脾胃主
頭風眩煑炙食之煩盡一枚至效一種
鷙鳥名鶻不同此類

啄木鳥

啄木鳥平無毒主痔瘻燒灰酒服之牙齒
疳蠹蚛牙燒末内牙齒孔中淮南子曰
啄木愈齲

黃鳥

黃鳥味甘温補陽益脾此鳥感陰氣先鳴
所以補人

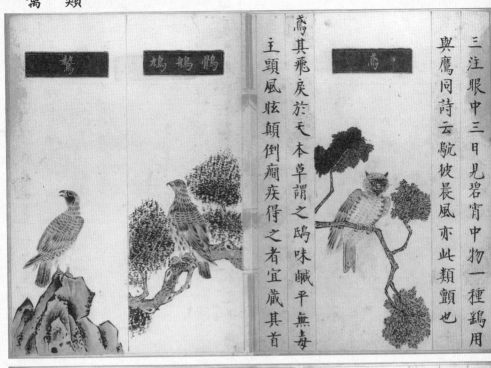

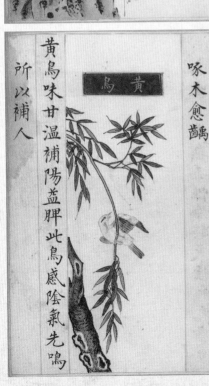

天鵞味甘平無毒性冷醃炙佳絨毛療刀杖瘡立愈

鷸肉甚暖食之補虛

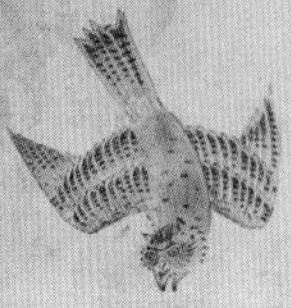

鴞肉肥美古人重其炙主鼠瘻目吞之令人夜中見物

百舌主蟲咬炙食之亦主小兒久不語

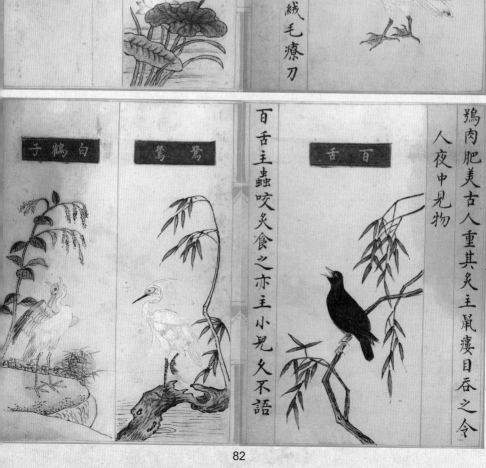

鷺鷥味醎平無毒主瘦虛益脾補氣多食之一種白鶴子脚黄形似鷺但頭上無毿毛裊耳又紅鶴形亦相類

山鵲

山鵲味甘温食之鮮諸果毒一種陽鵲形色相似

竹鷄

竹鷄味甘平無毒主野鷄病殺蟲煮食之即山菌子

鶡鷄

鶡鷄味甘無毒食之令人勇健肥潤

麥鷄

麥鷄味甘温補虛益脾

蒼鷄

蒼鷄味甘温主殺蟲蠱毒狀如鶴大兩頰紅頂無丹

秋鷄

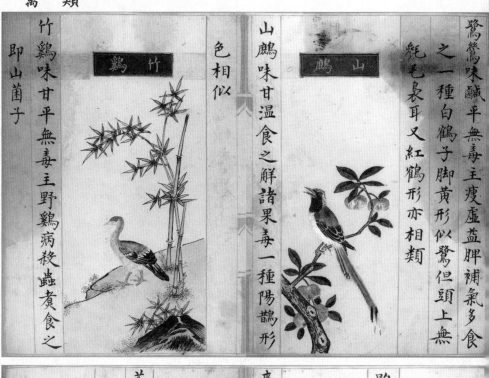

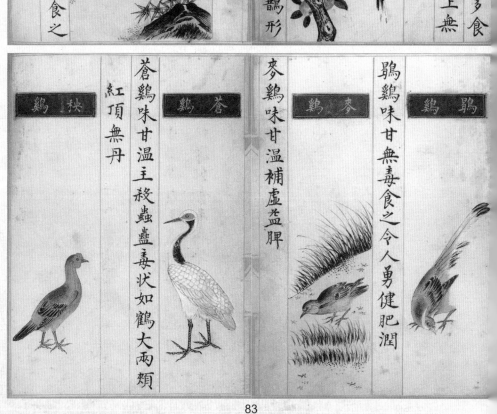

秧鷄味甘温治蟻瘻

英鷄

英鷄味甘温無毒主益陽道補虛損令人肥健悅澤能食不患冷常有實氣而不發也

鵜鶘

鵜鶘味鹹平無毒主赤白久痢成疳者觜燒灰為末服方寸匕愈又名淘河俗呼誤為鮀鶴詩所謂維鵜在梁也

巧婦鳥

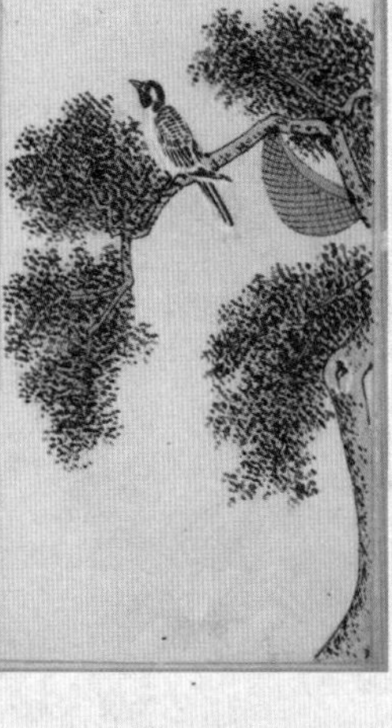

巧婦鳥主聰明炙食之甚美即鷦鷯也其雛化而為鵰故古語曰鷦鷯主鵰言始小而終大也鵰一種黑色食萍似鷹而大善鷙謂之皂鵰用與鷹同

魚狗

魚狗即翠鳥味鹹無毒主鯁及魚骨刺入肉不可出痛甚者燒令黑為末頓服之煮汁飲亦佳

桑扈

桑扈味甘温無毒主肌羸虛弱益脾澤膚此鳥不粟食喜盜膏脂而食之所以於人有補又名竊脂俗呼青觜

禿鶖

禿鶖味鹹微寒主中蠱魚毒觜治魚骨鯁狀如鶴而大長頸赤目頭高六七尺詩謂有鶖在梁是也

鸊鷉

鸊鷉膏主耳聾滴耳中又主刀劍令不銹水鳥也如鳩鴨脚連尾不能陸行常在水中人至即沉或擊之便起

鵁鶄

鵁鶄水鳥可食似鴨綠毛相傳人家養以厭火災恐未必

鷗

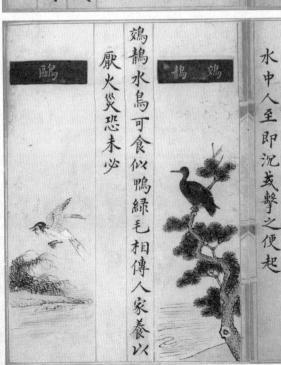

鷗味甘無毒主躁渴狂邪五味醃炙食之

布穀

布穀味甘溫主安神定志令人少睡

鷰

鷰屎味辛氣平有毒主蠱毒鬼疰逐不祥邪氣破五癃利小便窩與屎同多以作湯浴小兒治驚邪卵主水浮腫肉出痔蟲

伏翼

伏翼味鹹平無毒主目瞑明目夜視有精光久服令人喜樂媚好無憂延壽又治五淋利水道取血滴目令人夜中見物糞名夜明沙味辛寒無毒主面癰腫皮膚洗洗時痛腹中血氣破寒熱積聚除驚悸去面黑皯炒服治瘰癧燒灰酒服方寸匕治子死腹中又小兒無辜熬搗為散狂意拌飯與食之又治疳

孔雀

孔雀味鹹無毒又云涼微毒解藥毒蠱毒血治毒藥生飲良屎微寒主女子崩中帶下小便不利尾不可入目昏翳人眼此禽因雷聲而孕或言血即鴆毒

白鸜鵒

紺綠鸜鵒

蒼黑鸜鵒

鸜鵒味甘溫主虛嗽此鳥足四趾齊分兩
瞼俱動如人目與衆鳥異有白者紺綠
者蒼黑者白者良養久能人言

寒號蟲

寒號蟲烏類有肉翅不能飛肉味甘食之
益人糞名五靈脂味甘溫無毒主療心
腹冷氣小兒五疳辟疫治腸風通利氣
脉女子月閉

鸀鳿鳥

鸀鳿鳥主溪毒砂虱水弩射工蜮等病肉
亦可食

右諸禽有毒形色異常白身玄首玄
身白首及死不伸足不閉目之類有

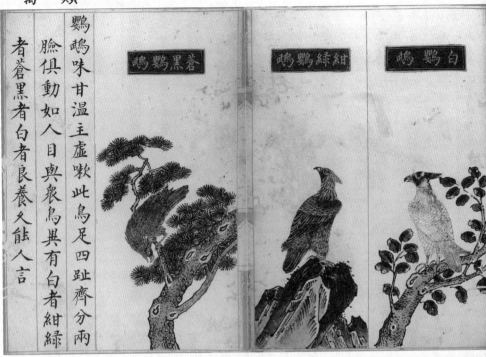

毒記曰天産作陽地産作陰禽獸皆
天地生物而禽卵生羽飛又陽中之
陽雖氣味各有陰熱之分大槩肉所
以養陽然人之身陽常有餘陰常不
足陽足而復補陽陰益虧矣丹溪曰
諸肉皆助起濕中之火久而生病素
問曰膏梁之變足生大丁故禽之肉
雖益人亦不宜多食也

獸類

鹿

鹿肉温補中強五臟益氣力調血脉生者
療中風口偏割薄之左患右貼右患左
貼正即除之髓味甘氣温主女子男傷
中絶脉筋骨急痛欬逆以酒和服之地黄
汁煎作膏填骨髓蜜煮壯陽令有子頭
主消渴夜夢鬼物及煩懣腎平補腎氣
壯陽安五臟作酒及煮粥服筋主勞損
續絶骨主虛勞作酒飲去風補髓脂主
癰腫死肌温中四肢不随風頭通腠理
一云不可近陰令痿殊不知鹿性淫樂
食之起陰何以言痿是令陰不痿也血
主陰痿補虛止腰痛肺痿吐衂崩中帶
下和酒飲之又云諸氣痛欲危者飲之
立止至效齒主留血氣鼠瘻心腸痛骨
味甘微熱無毒安胎下氣殺鬼精物久
服耐老茸味甘酸又云苦辛氣温無毒
主漏下惡血溺血破留血在腹散石淋
癰腫骨中熱疽癢治寒熱驚癇虛勞洒

洒如瘧羸瘦四肢酸疼腰脊痛脚膝無
力小便利洩精女人崩中赤白帶下益
氣強志生齒不老角味鹹氣温主惡瘡
癰腫逐邪惡氣留血在陰中小腹血急
痛腰脊痛折傷惡血尿血輕身益氣強
筋骨補絶傷又婦人夢與鬼交者取末
和清酒服即出鬼精鹿之一身皆益人
野族第一品也或脯或煮或蒸俱和酒
食之良

水牛

水牛肉味甘平無毒一云冷微毒止消渴并
吐洩安中益氣養脾胃心主虚忘肝主
明目腎主補腎氣益精齒主小兒牛
癇髓味甘温主安五臓平三焦温骨髓
補中續絶傷益氣止洩痢消渴以酒服
之良角療時氣寒熱頭痛牛角䚡味苦
氣温性澁無毒下閉血瘀血疼痛女人
帶下血崩不止膽味苦氣大寒可丸藥
又除心腹熱渴利口焦燥益目精屎寒
主水腫惡氣用塗門戶著壁上者燔之
主鼠瘻惡瘡

黄犍牛

黑犍牛

揵牛黃者肉平一云温無毒一云微毒消水腫除熱氣補虛損益脚腰強筋骨壯健人亦發藥動病黑者尤甚俱不如水牛佳頭蹄主下熱風水氣大腹腫小便澁患冷人勿食腦主消渴風眩肝及百葉主熱氣水氣丹毒觧酒勞并痢五臟主五臓平三焦骨髓温無毒止吐衂崩中帶下腸風下血并水瀉肚主消渴風痃補五臟腎補腎髓安五臟平三焦温中鼻通乳汁莖主漏下婦人赤白帶下無子牝牛不及牡牛黑牛不及黃牛獨肝及自死者并瘴病後皆不可食又不可與黍米韭薤同食

羚羊

羖羊

羊肉味甘大熱無毒主緩中字乳餘疾頭腦大風汗出虛勞寒熱開胃補中益氣肥健人安心止驚又云羊肉比人參黃耆參耆補氣羊肉補形頭肉凉主骨蒸腦熱緩中安心止驚熱病後宜食冷病人不宜食腦發風若和酒食則迷人心五臓温平五臓肺補肺主欬嗽止渴小便數心止憂恚膈氣補心肺有孔者勿食肝明目主肝風虛熱目赤睛痛腎補腎氣益精髓壯陽健胃補虛損止小便盜汗耳聾髓味甘温主男女傷中陰氣不足利血脉益經氣以酒服之齒主小

兒羊癇寒熱膽主青盲明目又療時行
熱燥瘡并淋濕又點眼中赤障白膜風
淚又鮮毒蠱皮補虛勞去一切脚中虛
風血主女人產後血虛悸脛骨治牙齒
疎豁羚羊角味鹹苦氣寒無毒屬木入
厥陰經主明目益氣起陰去惡血注下
辟蠱毒惡鬼不祥安心氣常不魘寐療
傷寒時氣寒熱熱在肌膚溫風注毒伏
在骨間除邪氣驚夢狂越僻謬小兒驚
癇治山瘴散產後血衝心煩悶燒末酒
服之又治食噎不通久服強筋骨輕身
益氣利丈夫羖羊角用同此羊謂北地
青羊也若南羊則多受濕濕則有毒又
山中吃毒草故不堪用若言其味則淅
東一種山羊味甚甘美諸家謂南羊味
淡或見之未悉南人食之甚補益但以
其能發病者皆不可食犯之即驗此其
不及北羊也北地一種無角大白羊食
之甚勝又同華之間卧沙細肋角低小者
供饌在諸羊之上醫家諸湯丸用之即效

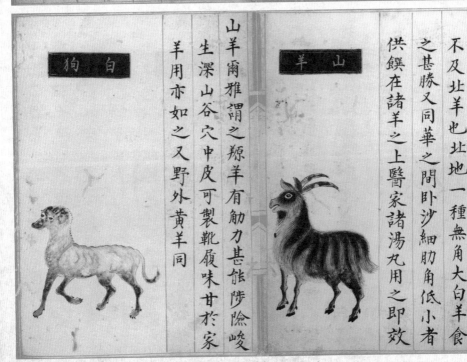

山羊

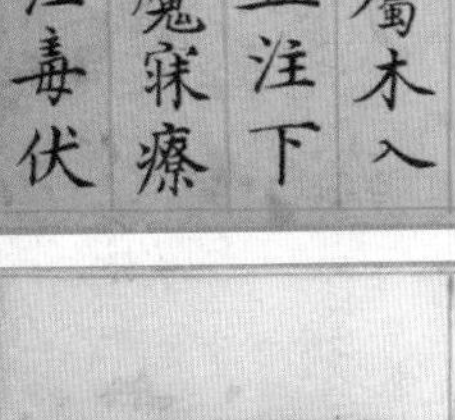

山羊爾雅謂之羱羊有觔力甚能陟險峻
生深山谷穴中皮可製靴履味甘於家
羊用亦如之又野外黃羊同

白狗

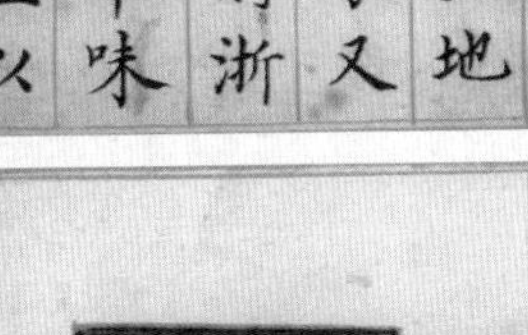

烏狗

黃狗

狗肉味鹹酸溫主安五臟補絕傷輕身益氣力血脉厚腸胃實下焦暖腰膝填精髓一云所補在血去血不益人心主憂恚氣除邪腦主頭風痺下部䘌瘡鼻中身肉頭骨主金瘡止血膽主明目痂瘍惡瘡脚蹄主下乳齒主癲癇寒熱卒風沸乳汁主青盲取白犬生子目未開時汁注目中療十年盲犬子目開即差牡

狗陰莖味鹹平無毒主傷中陰痿不起令強熱犬生子除女子帶下十二疾白狗烏狗入藥牡者勝又云黃狗大補白黑次之餘者微補犬欲顛者不可食陰虛發熱人與妊娠勿食不可炙食致消渴又不可與蒜同食頓損人嘗見人食犬者多致病南人為甚大抵人之虛多是陰虛犬肉補陽世俗往往用此不知其害審之

山狗

山狗獾形如家狗脚微短好鮮食果食味甘美皮可為裘有數種在處有之蜀中出者名天狗

猪

猪肉味苦微寒主閉血脉弱筋骨發痰令人少子食之暴肥以其風虛故也瘧病金瘡勿食不可同牛肉食生寸白蟲同蕎麥食患熱風脫鬚眉豚卵味甘溫無毒主驚癇疾鬼疰蠱毒除寒熱奔豚五癃邪氣攣縮懸蹄主五痔伏熱在腸腸癰內蝕四足主傷撻諸敗瘡下乳汁心主驚邪憂恚血不足補虛劣多食耗心氣不可同茱萸食肚微溫補中益氣止渴利主骨蒸熱勞殺勞蟲補羸助血脉止痢四季宜食肺微寒能補肺不可同白花菜食令滯氣發霍肝溫主脚氣冷

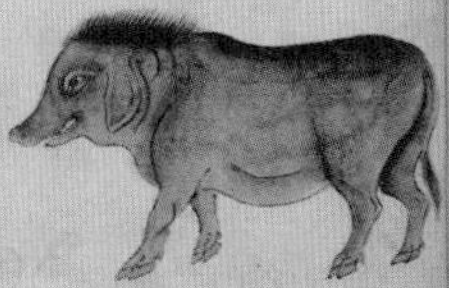

洩赤白藏虛不可同魚子食腎冷和理腎氣通利膀胱補虛勞消積滯冬不可食損真氣發虛擁脾主脾胃虛熱舌健脾補不足令人能食頭補虛乏去驚癇五痔煮極熱食之腦不可食髻脂主生髮脂膏生惡瘡利血脉鮮風熱皮膚風潤肝鮮斑猫芫青毒臘月者殺蟲忌食烏梅皮味甘寒猪水畜其氣先入腎解少陰客熱加白蜜食潤燥除煩加米粉益氣斷痢腸臟主下焦虛竭大小腸風熱宜食之

野猪

野猪肉味甘補肌膚令人肥臟補五臟止

腸風下血及顛癇病不發風氣尚勝家猪又云微動風雌者尤美青蹄者勿食肪膏酒浸食之令婦人多乳連進十日可供三四孩兒本来無乳者亦有三歲者胆中有黄黄味辛甘氣平無毒主金瘡止血生肌療顛癇及鬼疰此物多是射而得之射藥之毒中入其肉不可不慮

麂

麂味甘平無毒主五痔病爍出以薑醋進之大有效多食動痼疾一云凉有毒能隨胎發疥瘡

麖

麖似麂而大肉稍麄氣味亦同麂也

麞

麞肉味甘温無毒補益五臟八月至十一月食之甚美餘月食之動氣又瘦惡瘡者食之發痼疾心麄豪人宜食之㦲其性胆小人食之愈怯與鴿食成癥髓益氣力潤澤人面臍下麝香味辛氣温無毒主辟惡氣殺鬼精物瘟瘧蠱毒癇痓去三蟲療諸凶邪鬼氣中惡心腹暴痛脹急痞滿風毒婦人産難墮胎療蛇毒

麋

麋肉益氣補中治腰脚一云微補五臓不足多食令人弱房事發脚氣不可近陰令瘦夫麋性與鹿性一同淫樂又辛温補益之物是令陰不痿也意當時寫本草者逸其字以訛傳訛大率類此孟子言盡信書則不如無書是矣用者酌之脂辛温主瘡腫死肌寒風濕痹四肢拘緩不收風頭腫氣通腠理角味甘主痹止血補虛勞益氣力填骨髓煖腰膝壯陽道茸尤良按月令冬至一陽生麋角解夏至一陰生鹿角解麋茸利補陽鹿茸利補陰不可合鰕及生菜柰李果實同食

獾猪

獾猪肉甘美作羹臛食之下水腫大效又云味酸平主丹石熱及久患赤白痢瘦人食之長肌肉肥白脂主傳尸鬼氣肺痿氣急酒食之胞吐蠱蟲

毫猪

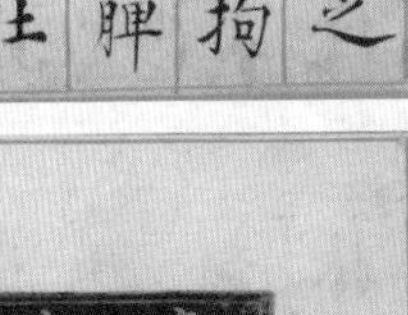

毫猪肉甘美多膏利大腸不可多食發風氣令人虛

兔

兔肉味辛平無毒主補中益氣又云寒主熱氣濕痺治消渴久食弱陽損元氣血脉令人陰痿與薑同食令心痛妊娠不可食令子缺唇頭骨主頭眩痛顛疾骨主熱中消渴肝主目暗不可與鷄肉菜芥胡桃柑橘同食

驢

烏驢

驢肉凉無毒主風狂憂愁不樂能安心氣烏驢佳一云食之動風脂尤甚屢試驗諸家云治風恐未可憑其用烏驢者盖因水色以制熱則生風之意凡腹内物食之皆令筋急尿屎皆入藥

虎

虎肉味酸平主惡心欲嘔益氣力治瘧又食之入山虎畏之辟三十六種精魅藥箭射毒入骨肉食之不可不慮

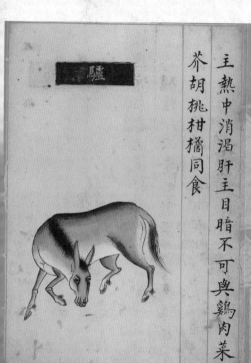

熊

熊肉味甘寒微温無毒主風痺筋骨不仁五臟腹中積聚寒熱羸瘦頭瘍白禿面皯皰久服強志不飢輕身有痼疾者食之終身不能除膽味苦氣寒主時氣盛熱變為黃疸小兒驚癇五痔殺蟲治惡瘡又久痔不差塗之神效其膽春在首夏在腹秋在左足冬在右足此獸能舉木引氣冬蟄不食飢則自舐其掌故其美在掌久食之可禦風寒諸疾宜孟子取之

白馬

白馬肉味辛苦冷主熱下氣長筋強腰脊壯健強志輕身不飢又云有小毒主腸中熱凡用須以水接洗數次去淨血再以好酒洗方煮之更入酒烹熟可食飲好酒數盃鮮之乃佳莖味甘鹹平無毒主傷中絕脉男子陰痿不起堅長益氣長肌肉肥健生子小兒驚癇陰乾入藥肝主寒熱心主喜忘患痢人勿食眼主驚癇腹滿瘧疾懸蹄主驚邪瘈瘲乳難衄血內漏崩碎惡氣鬼毒蠱疰不祥齒主小兒馬癇水磨服頭骨主令人不睡

鬐毛主女子崩中赤白膏主生髮脯療寒熱痿痺溺味辛微寒主消渴破癥堅積聚男子伏梁積疝婦人瘕疾銅器盛飲之又治鱉瘕又洗頭瘡白禿屎名馬通微溫主婦人崩中止渴及吐下血鼻衄金瘡止血肝大毒食而死者多矣故曰食馬留肝凡馬肉與蒼耳同食十有九死與生薑同食生氣嗽又不可與倉米同食倉米恐是蒼耳也姙婦并有瘡疥者不可食白馬黑蹄頭青蹄黑脊而斑凡形色異常者皆不可食牡馬并各色馬諸書不載大率一類而不及白牡馬也

豹

豹肉味酸平無毒主安五臟補絕傷輕身益氣久服利人耐寒暑脂合生髮膏朝塗暮生齒骨極堅人詐為佛牙

象

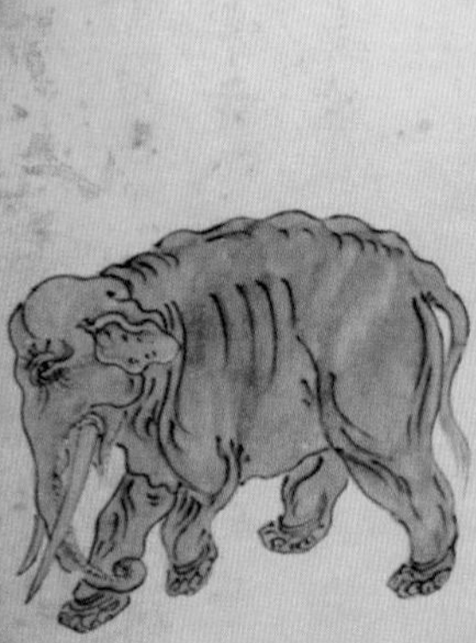

象肉味淡多食令人體重牙無毒主諸鐵及雜物入肉刮取屑細研和水傅刺上即出身具百獸肉惟鼻是其本肉膽隨四時所在四腿春前左夏前右秋後左冬後右主目疾和乳滴目中又云喉中刺痛用舊牙梳屑研水飲之小便不通生煎服之小便多燒灰飲下

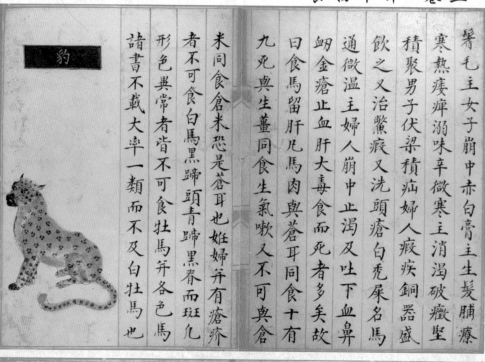

獺

獺肉味甘寒療時氣肝味甘有毒鬼疰蠱毒卻魚鯁止久嗽燒服之膽主明目塗酒盃唇上酒稍高於盃唇分盃之說誤也屎主魚臍瘡研傅之

豺

豺肉味酸食之無益皮性熱主冷痺脚氣炙纏病上即差

狼

狼味辛老狼頷下有懸肉行善顧疾則不能脞中筋如織絡小囊大似鴨卵作聲諸竅皆沸糞烟直上烽火用之昔言狼狽是二物狽前二足絕短先知食之所在指以示狼狼負以行匪狼不能動肉皆可食

羆

貔

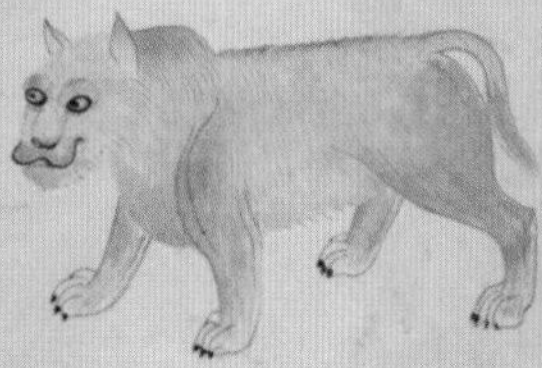

羆大於熊貔似虎貓似虎而淺毛三獸俱陽物用同熊虎

狐

狐味甘寒有毒主補虛勞治惡瘡疥作臛食之陰莖味甘有毒主女子絕產陰痒小兒陰癩卵腫雄狐糞燒之辟溫疫惡病頭燒以辟邪心肝生服治妖魅肝燒

灰治風

玉面狸

九節狸

風狸

香狸

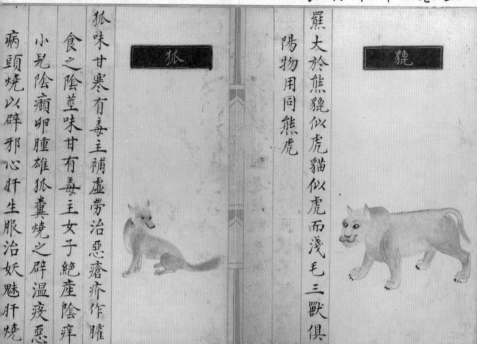

狸肉味似狐療諸疰五痔作臛羹食之骨味甘溫無毒主風疰尸疰鬼疰在皮中淫躍如針刺者心腹痛走無常處及鼠瘻惡瘡頭骨尤良炙骨和麝香雄黃為丸治痔瘻甚效糞燒灰主寒熱鬼瘧發無期度者極驗狸類甚多有玉面狸九節風狸香狸食品佳者也

猫

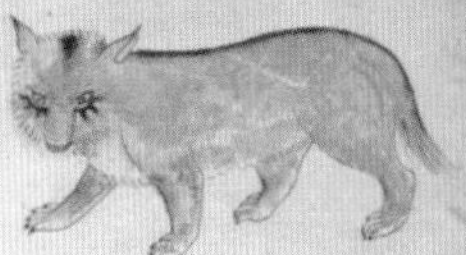

猫肉胞膏味甘平無毒主上氣乏氣欬逆酒和服之又水脹不差者以肉作羹臛食之胞乾磨服吐蠱毒並效

猴

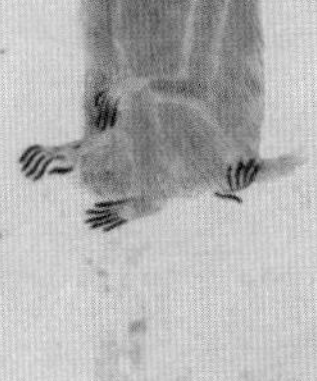

猴肉味酸平無毒主諸風勞釀酒彌佳乾脯主久瘧頭骨主瘴瘧手主小兒驚癇口噤米主蜘蛛咬皮主馬疫氣

麈

麈肉味如牛脂甘過之皮可為靴尾能辟麈山牛也

家猫

家猫肉甘微酸主勞瘵

鼷鼠

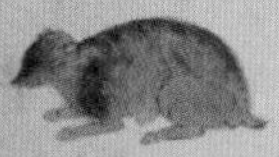

鼺鼠

竹䶉

貂鼠

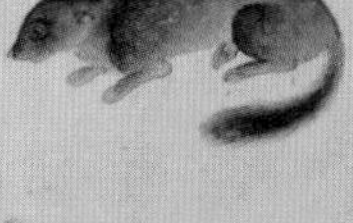

黃鼠

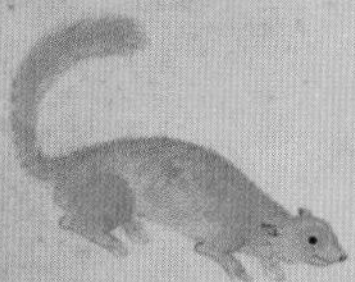

鼷鼠味鹹無毒主瘑疽諸瘻蝕惡瘡陰䘌
爛瘡鼺鼠主墮胎易產一種竹䶉食筍
味佳它如貂鼠黃鼠狼俱入藥又云鼠
膽治耳聾但取而不得耳

果然

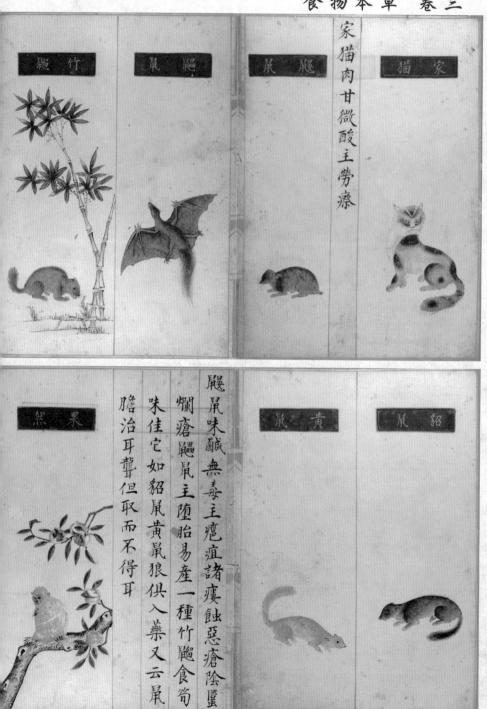

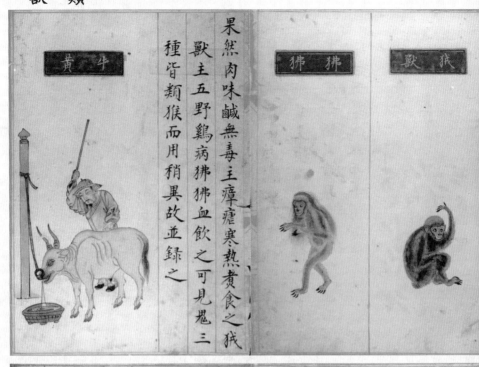

猳獸

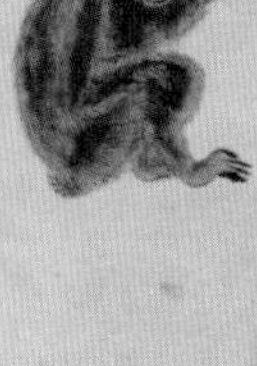

狒狒

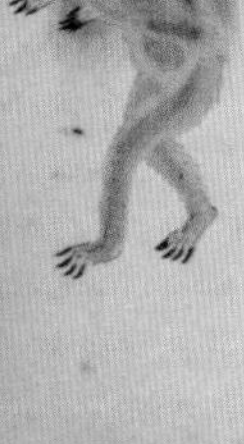

果然肉味鹹無毒主瘴瘧寒熱煮食之猳獸主五野鷄病狒狒血飲之可見鬼三種皆類猴而用稍異故並録之

牛黃

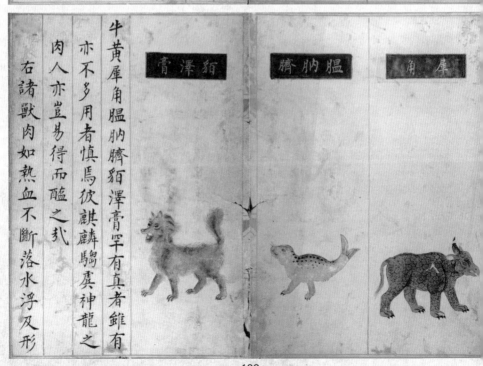

犀角

膃肭臍

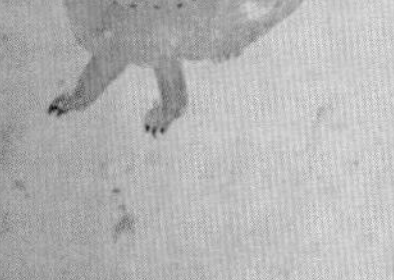

貂澤膏

牛黃犀角膃肭臍貂澤膏罕有真者雖有亦不多用者慎馬彼麒麟騶虞神龍之肉人亦豈易得而醢之哉

右諸獸肉如熱血不斷落水浮及形

色異常之類者皆有毒不可食孔子色惡不食臭惡不食不時不食是也又曰肉雖多不使勝食氣蓋人食以穀氣為主一或過焉適足以傷人非養生之道矣況望其有所補乎夫人雖不如孔子之聖而自昧昧於飲食之節以自戕其生尚亦不惧何哉宜合禽類後之説觀之

食物本草卷三終

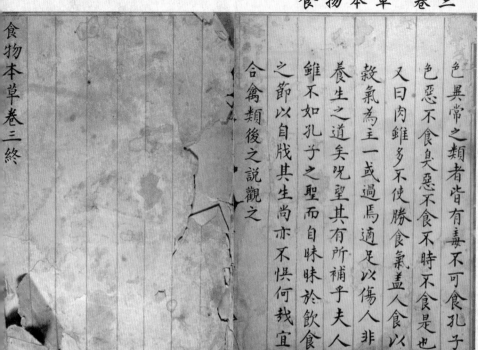

食物本草卷四

魚類　味類

魚類

鯽魚

鯽魚味甘溫無毒主諸惡瘡燒以醬汁和塗之或取猪脂煎用又主腸癰合蓴作羹主胃弱不下食調中下氣補虛作膾主腸澼水穀不調及赤白久痢又釀白礬燒灰治腸風血痢又開其腹內少盐燒之治齒痛丹溪云諸魚皆屬火惟鯽魚屬土故能入陽明有調胃實腸之功多食亦能動火不可與沙糖蒜芥猪肝雞肉同食

鯉魚

鯉魚味甘寒無毒肉燒灰治欬逆氣喘煑食之療水腫脚滿下氣女子安胎治懷妊身腫又天行病後與原有癥疾人皆不可食肉忌葵菜子忌猪肝同食俱害人頭有毒膽主目熱赤痛青盲明目久服強悍益志氣滴耳聾小兒熱腫塗之

鱒魚

鱒魚平補虛勞稍發疳痼

魴魚

魴魚調胃氣理五臟和芥子醬食之助肺氣去胃家風消穀不化者作鱠食助脾氣令人能食作羹臛食宜人

鱘魚

鱘魚味甘平益氣補虛肥健人其子肥美

殺腹內小蟲

蠡魚

黑魚

蠡魚味甘寒無毒主濕痺面目腫脹大小便擁塞療五痔出血取魚腸以五味炙令香以綿裹內穀道中食頃蟲即出又脚氣風氣作膾食之良丹溪癩疾用此魚以代蛇之或缺是亦去風古方有單用黑蠡湯安胎是妊娠亦可食也一云亦發痼疾諸魚膽皆苦惟此膽甘可

食

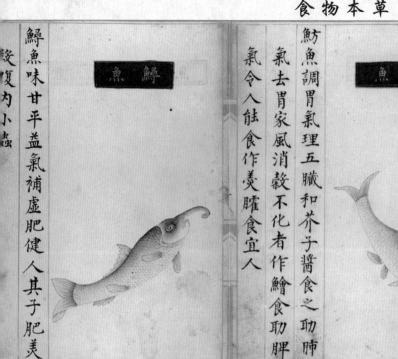

鰫魚

鰫魚味平甘無毒開味利臟久食肥健此魚食泥不忌藥

鱸魚

鱸魚平補五臟益筋骨和腸胃安胎治水氣食之宜人作鮓尤良暴乾甚香美雖有小毒不致發病一云發痃癖及瘡腫不可與乳酪同食中毒以蘆根汁解之

河魨魚

河魨魚味甘温有大毒主補虛理腰脚痔疾殺毒其味極美肝尤毒然修治不法食之殺人橄欖蘆根糞水解之

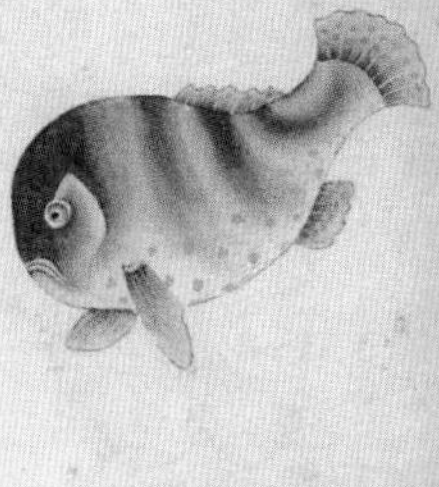

石首魚

石首魚味甘無毒開胃益氣乾者為鯗魚消宿食消瓜成水主中惡暴痢用大麥稈包不露風陳久愈好否則發紅失味又云魚首有石如碁子磨服治淋

鱭魚

鱭魚發疥

青魚

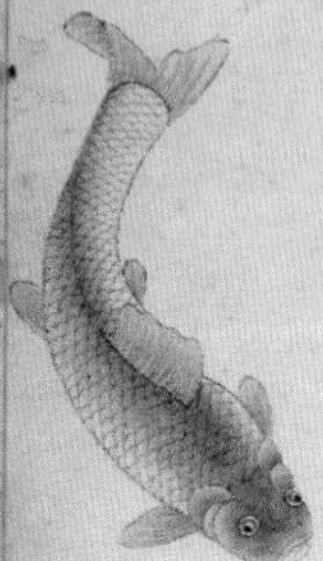

青魚甘平無毒微毒主濕痺脚氣弱煩悶
益氣力忌蒜葵

鮎魚

鮠魚

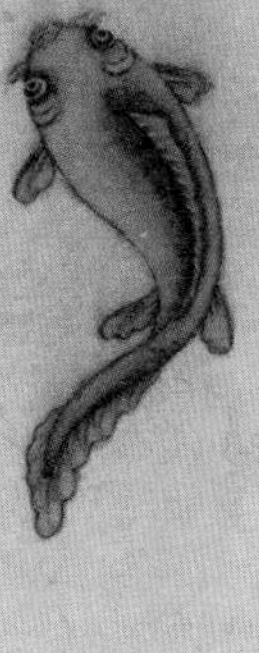

鮎魚甘無毒一云有毒主水浮腫病利小
便忌牛肝鮠魚似鮎美且益人下膀胱
水動痼疾不可與野猪野雉同食赤目
赤鬚無腮者不可食二魚寒而有毒非
嘉物也

白魚

白魚味甘平無毒主開胃助脾消食補肝
明目去水氣令人肥健五味蒸煮食之
良若經宿食之腹冷生病或醃或糟皆

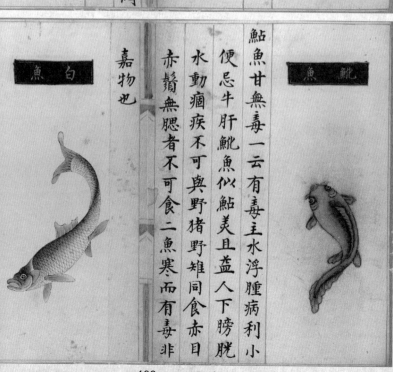

可人患瘡癬食之甚發膿炙瘡食之不發

鰻鱺魚

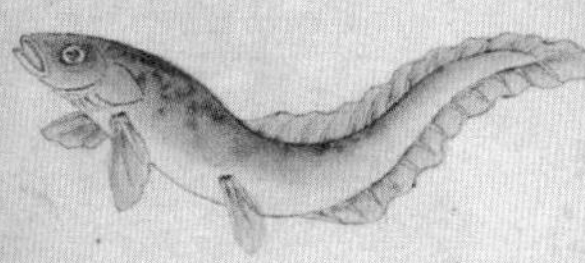

鰻鱺魚味甘有毒一云平微毒主五痔瘡瘻腰背濕風痺常如水洗及濕脚氣一切風瘙如蟲行者殺猪蟲諸草石藥毒勞瘵人食之殺蟲昔有女子患傳尸勞其家以之活釘棺中棄之江流以絕此病流至金山有人引岍開視之女人尤活因取置漁舍多得鰻鱺食之病愈後為漁人妻此說事見稽神錄

鱓魚

鱓魚味甘大温無毒主補中益氣血除腹中冷氣腹鳴產前產後病淋瀝瘦弱血氣不調宜食若過多令霍亂時行病起食之再發

鱅魚

鰱魚

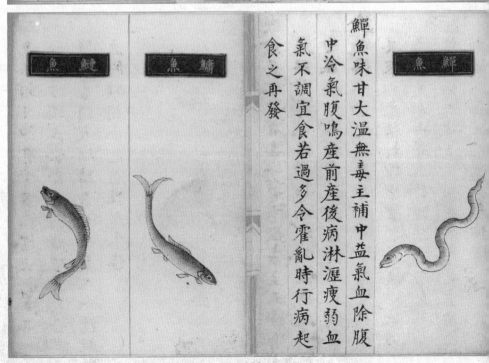

鱅魚格額目傍有骨名乙禮云魚去乙一
云東海鰫魚也食之別無功用又云池
塘所蓄頭大細鱗者甘平益人一種鰱
魚似鱅頭小色白性急味勝

鯇魚

鯇魚無毒膽最苦治喉痺飛尸

鱖魚

鱖魚味甘無毒去腹内惡血及小蟲益氣
力令人肥健一云平稍有毒益脾胃

昌侯魚

昌侯魚味甘平無毒益氣肥健子有毒令
人痢下

鯮魚

鯮魚平補五臟益筋骨和脾胃多食宜人
作鮓尤佳暴乾甚香美不毒亦不發病

嘉魚

嘉魚味甘温無毒一云微毒食之令人肥健悅澤此乃乳穴中小魚常飲乳水所以益人味甚珎美力強於乳詩所謂南有嘉魚註言出於沔南之丙穴是也

烏賊魚

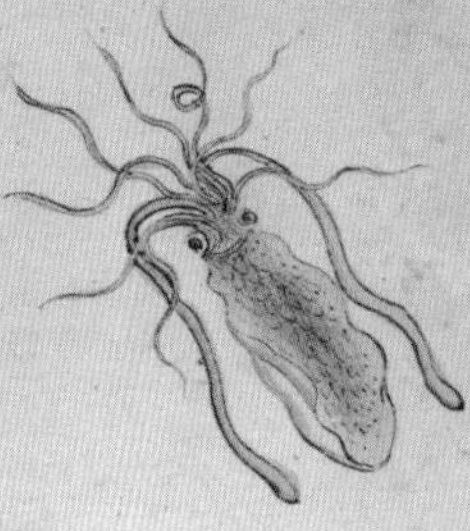

烏賊魚味鹹平主益氣強志通月經素問云主女子血枯

章舉魚

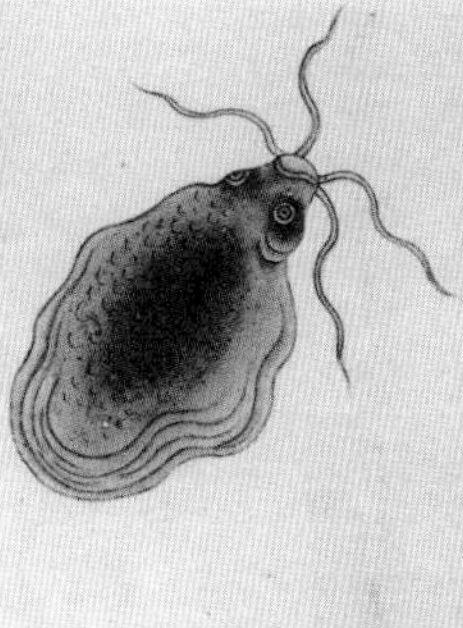

章舉魚一名石矩比烏賊魚差大味更珎好

黃顙魚

黃顙魚味甘平無毒醒酒不益人一云能祛風

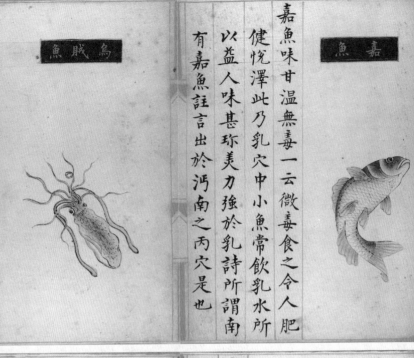

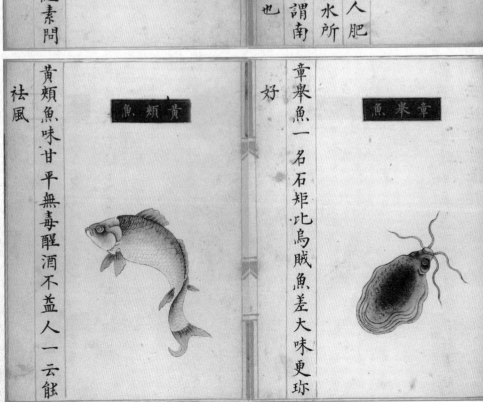

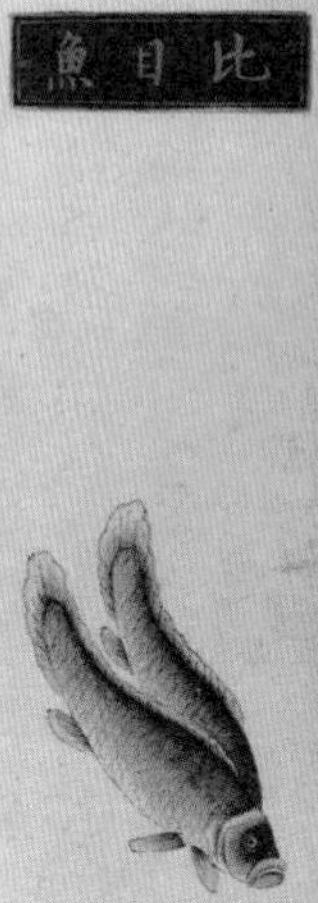

比目魚平補虛益氣力多食稍動氣

鮰魚味美鰾可作膠與鱁鮧魚白相似

鄧陽魚有毒主瘴瘧尾有刺人犯之至死

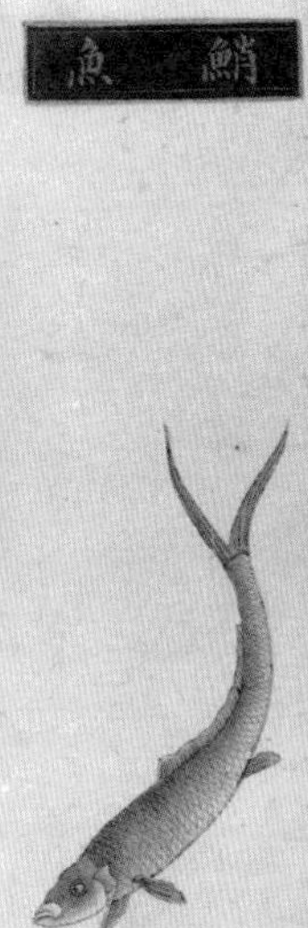

鮹魚味甘平無毒主五野雞痔下血瘀血

鱣魚無毒肝主惡瘡疥癬詩言鱣鮪發即今之鰉魚也

鱵魚平補五臟主蠱氣蠱疰與鮫同

鱟魚

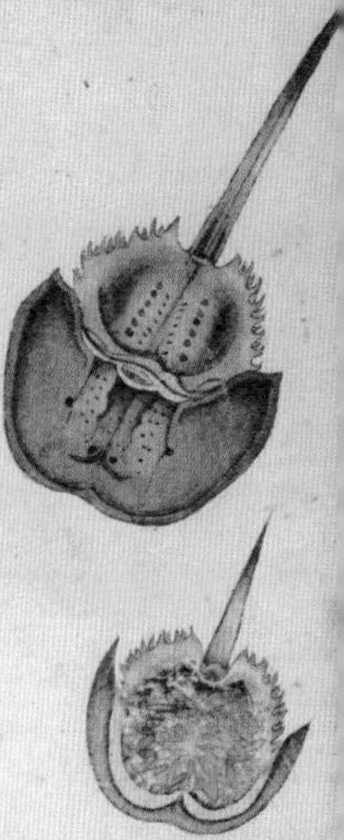

鱟魚平微毒療痔殺蟲多食發嗽并瘡癬

鯖魚

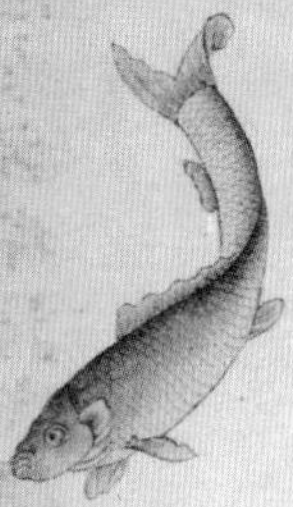

鯖魚味甘平無毒肉主脚氣濕痺眼睛主能夜視頭中枕磨服主心腹痛膽主目暗并塗惡瘡貫礬主喉痛立效

蠘蟹

蝤蛑蟹

蟛蜞蟹

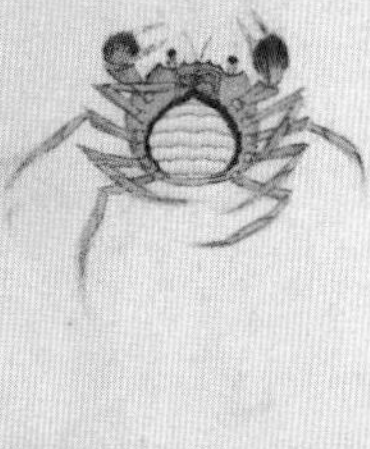

擁劍蟹

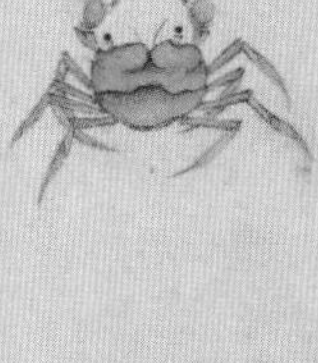

蟹類甚多螃蟹味甘寒有毒一云涼主胸中熱解結散血愈漆瘡養筋益氣理經脉乃食品之佳味最宜人須是八月一日蟹吃稻芒後方可食霜後更佳已前

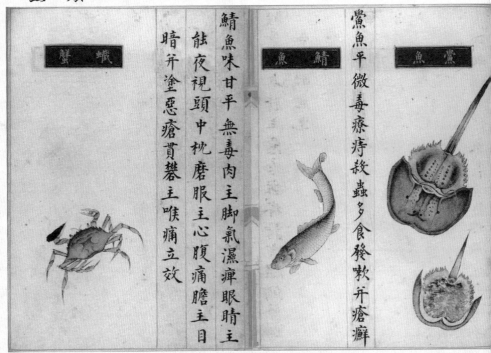

食之有毒獨螯獨目兩目相向者皆有大毒不可食有風疾人并孕婦不可食藕蒜汁冬瓜汁紫蘇俱解蟹毒蠘蟹殼潤多黃其螯無毛最銳食之行風氣蝤蛑蟹闊而大性冷無毒解熱氣小兒痞氣蟛蜞蟹小毒食之令人吐痢與蟛蜞蟹同擁劍蟹一大螯待鬬一小螯供食餘者皆有毒不可食誤中者急以黑豆汁解之其黃能化漆為水腳中髓并殼中黃螯為末內金瘡中能續斷筋爪主墮胎破宿血產後血悶酒及煮湯煎服良

鼈

鼈味甘主補陰調中益氣去熱氣血熱濕痺腹中癥熱婦人帶下羸瘦然性冷久食損人妊娠不可食忌莧菜又頭足不縮獨目目陷腹下紅及有卜字五字王字等形者俱有大毒不可食誤中者以黃芪吳藍煎湯解之甲味鹹平無毒主心腹癥瘕堅積寒熱去痞息肉陰蝕痔惡肉消瘡腫療温瘧勞瘦骨熱小兒脇堅婦人漏下五色弱瘦墮胎頭燒灰主小兒諸疾脫肛血可塗之丈夫陰頭癰取甲一枚燒灰和雞卵白傅之產難食灰立出

車螯

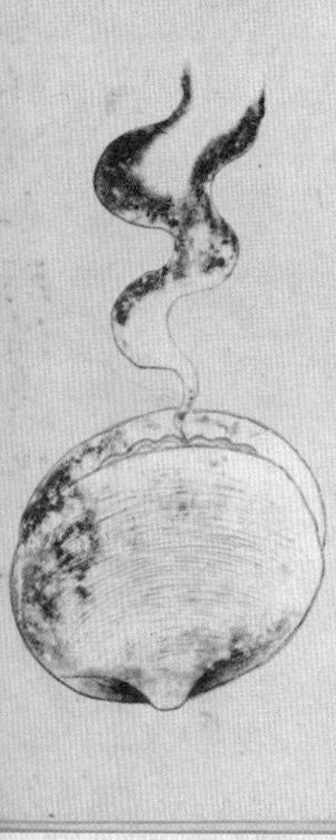

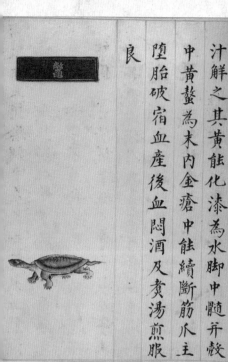

車螯冷無毒解酒毒酒渴消渴不可多食

蚶

蚶味甘温無毒主心腹冷氣腰脊冷風利五臟益血温中起陽消食健脾令人能食

蟶

蟶甘温無毒補虛產後虛損主冷痢邪熱煩悶疫後忌食

淡菜

淡菜温無毒補五臟虛損勞理腰脚氣益陽事消食除腹中冷消痃癖潤毛髮產後血結冷痛崩中帶下漏下男子久痢並宜食之煮以五味更妙雖形壯不典甚益人

蛤蜊

蛤蜊性冷無毒丹溪云濕中有火止消渴開胃解酒毒主老癖能為寒熱者及婦人血塊煑食之此物雖冷然與丹石相反食之令腹結痛湯火傷殼燒灰油調搽神效

蜆

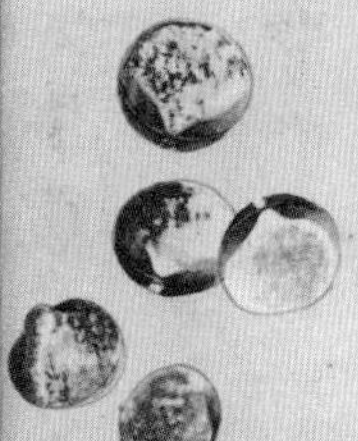

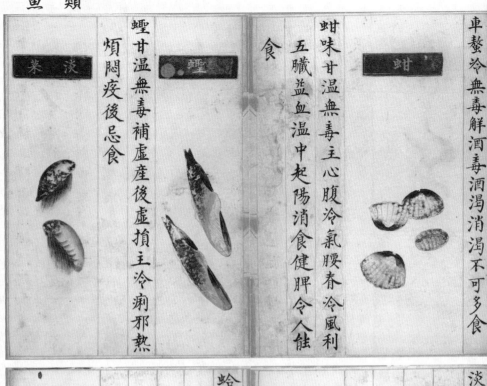

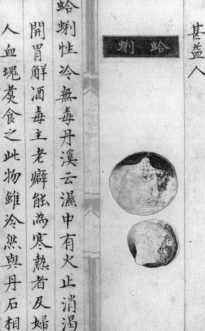

蜆冷無毒辟時氣開胃壓丹石去暴熱明
目利水下脚氣濕毒鮮酒毒目黄多食
發嗽并冷氣消腎

鰕

鰕平主五野雞病動風發瘡小兒食之令
脚屈不能行生水田溝渠中小者有小
毒海鰕長一尺作鮓毒人至死

石决明

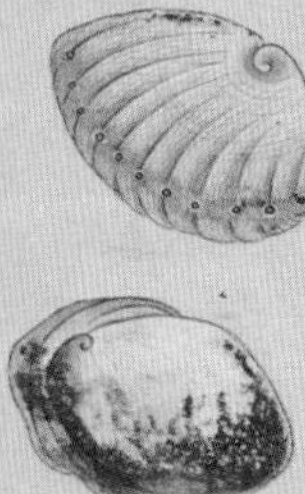

石决明味鹹平寒無毒主目瞖痛青盲久
服益精輕身

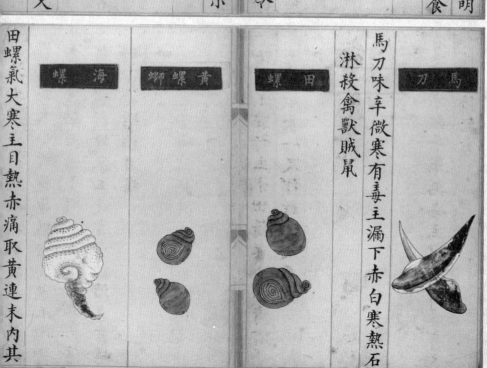

馬刀

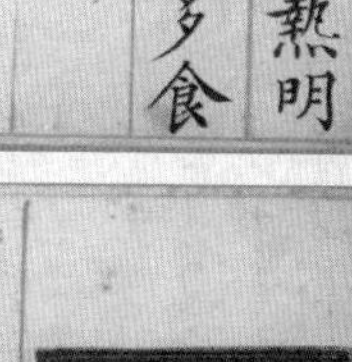

馬刀味辛微寒有毒主漏下赤白寒熱石
淋殺禽獸賊鼠

田螺

黄螺螄

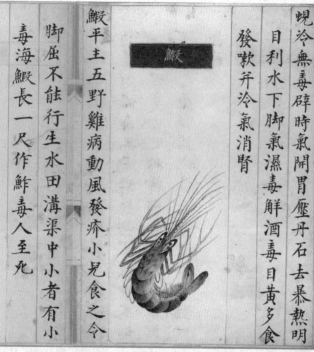

海螺

田螺氣大寒主目熱赤痛取黄連末内共

中汁出用以注目生浸取汁飲之治消渴又利大小便腹中結熱脚氣上衝脚手浮腫解酒過多喉舌生瘡碎其肉傅熱瘡爛殼燒末主反胃煮汁治急黃螺螄用海螺治目痛

牡蠣

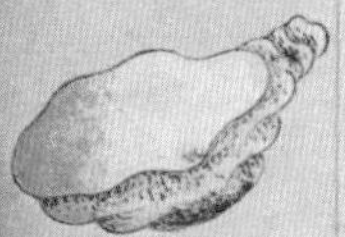

牡蠣味鹹氣平微寒無毒入足少陰經主傷寒寒熱溫瘧洒洒驚恚怒氣除拘緩瘰癧癰腫喉痺鼠瘻女子帶下赤白心脇氣結痛除老血軟積痞鹹能軟堅也澁大小腸止大小便療鬼交洩精久服強骨節殺邪鬼延年和杜仲服止盜汗和麻黃租蛇床子乾薑為粉去陰汗引以柴胡能去脇硬引以茶清能消結核引以大黃能除股腫地黃為之使能血精收澁止小便本腎經藥也

蚌

蚌性冷無毒主婦人虛勞下血并痔瘻血崩帶下止消渴除煩熱壓丹石毒以黃連末內之取汁点赤暗眼良爛殼飲下治反胃痰飲又蚌粉治疳止痢醋調傅癰腫

龜

龜肉味鹹甘平一云酸溫食之令人身輕

不饑益氣資智令人能食釀酒主風脚軟弱并脫肛溺主耳聾又療久嗽斷瘧甲止漏下赤白破癥瘕痎瘧五痔陰蝕酒癱瘓緩四肢重弱小兒顖不合頭瘡難燥女子陰瘡心腹痛腰背酸疼骨中寒熱傷寒勞後或肌體寒熱欲死大有補陰之功力猛兼去瘀血續筋骨治勞倦盖龜乃陰中至陰之物禀北方之氣而生故能補陰血虧補心並痺

江豚

江豚味鹹無毒肉主飛尸蠱毒瘴瘧肪摩惡瘡與海豚同

鼃

鼃味甘寒無毒主小兒赤氣肌瘡臍傷止痛氣不足取以五味醃炙酒食之良

蛤蚧

蛤蚧鹹平小毒主久肺勞傳尸殺鬼邪療嗽下淋通水道

水母

水母味鹹無毒主生氣婦人勞損血帶小兒風疾丹毒

鮫鯉

鮫鯉甲肉主五痔驚啼悲傷療蟻瘻

貝子

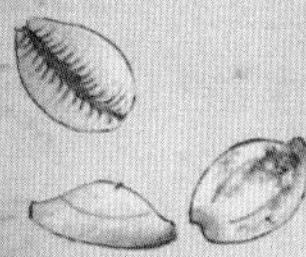

貝子鹹平有毒主目翳鬼疰蠱毒腹痛下
血五癃利水道除寒熱溫疰解肌散結
熱一種紫貝圓大明目去熱毒

紫貝

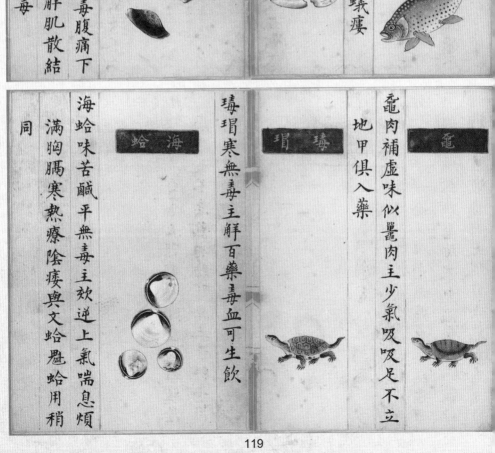

龜

龜肉補虛味似鼉肉主少氣吸吸足不立
地甲俱入藥

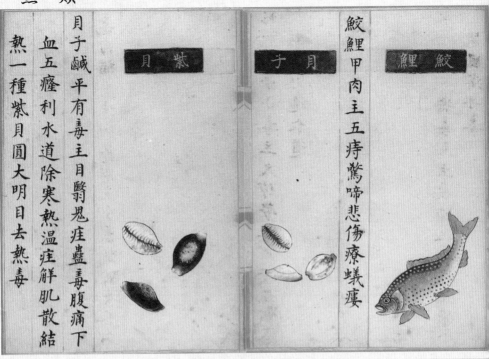

瑇瑁

瑇瑁寒無毒主解百藥毒血可生飲

海蛤

海蛤味苦鹹平無毒主欬逆上氣喘息煩
滿胸膈寒熱療陰痿與文蛤魁蛤用稍
同

蝦蟆

蝦蟆辛寒有毒主邪氣破癥堅血癰腫陰瘡服之不患熱病肪可合玉子科斗用胡桃肉皮和為泥染髭髮不變

魚膾

魚膾乃諸魚所作之膾味甘溫補去冷氣濕痺除喉中氣結心下酸水腹中伏梁冷痃結癖疝氣補腰脚起陽道鯽魚膾主腸澼水穀不調下痢小兒大人丹毒風痃鯉魚膾主冷氣塊結在心腹並宜蒜虀食之以蒜菜為虀謂之金虀玉膾開胃口利大小腸以蔓菁煮去腥凡物腦能消毒所以食膾必魚頭羹也近夜食不消馬鞭草汁能消之飲水令成蟲病起食之令胃弱不宜同乳酪食令霍亂又云不可同蒜食予昔寓蒼梧見一婦人患吞酸諸藥不效一日食魚膾遂愈蓋以辛辣有劫病之功也凡膾若魚本佳者膾亦佳

魚鮓

魚鮓諸魚所作之鮓不益脾胃皆發瘡鯉魚鮓忌青豆赤豆鯖魚鮓忌胡荽羊肉

鮓中有鰕者畜瓶盛者不可食
右諸魚有毒目有睫目能開合二目
不同逆腮全腮無腮腦中白連珠連
鱗白鬐腹下丹字形狀異常者並殺
人海產皆發霍多食令吐痢凡中毒
以生蘆根馬鞭草取汁大豆陳皮大
黃煮汁並解之素問曰魚熱中丹溪
曰魚在水無一息之停食之動火孟
子曰舍魚而取熊掌良有以也食者
節焉

味類

鹽

鹽味鹹氣寒無毒主殺鬼蠱邪疰毒氣下
部䘌瘡吐胸中痰癖止心腹卒痛堅齒
止齒縫出血中蚯蚓毒化湯中洗沃之
又用接藥入腎利小便明目止風淚多
食傷肺喜欬又令人失色膚黑走血損筋
病嗽及水者宜禁之一種戎鹽其用稍同

醬

醬味酸鹹氣冷利除熱止煩滿殺百藥魚
肉菜蕈及湯火蛇蟲等毒純豆者佳豆
麪合作及純麪者俱不及麪醬亦無毒
但不能殺諸毒又有榆仁醬亦辛美利
大小便不宜多食蕪荑醬大美殺三蟲
雖少臭亦辛好多食落髮肉醬魚醬呼
為醢聖人不得即不食意欲以五味和五
臟此亦養生之一端也豈專務窮口

腹者扰

胡椒

胡椒生南海諸國向陰者澄茄向陽者胡椒也味辛大温無毒下氣温中去寒痰消宿食霍亂氣逆心腹卒痛冷氣上衝吞三七粒皆可愈殺一切魚肉鼈蕈毒不宜多服損肺

蜀椒

蜀椒一名巴椒一名蓎藙武都巴郡生山谷間者佳八月採實陰乾大熱有毒除六腑冷氣治傷寒温瘧大風汗不出心腹留飲宿食腸澼下痢洩精女子字乳餘疾散風邪瘕結水腫黃疸鬼疰殺癆蟲諸魚蟲毒久服之頭不白輕身延年開腠理通血脉堅齒髮耐寒可作膏藥暑多食令人乏氣閉口者能殺人椒目味苦寒無毒主水腹脹滿利小便

醋

醋味酸温無毒消癰腫散水氣殺邪毒治婦人產後血運及人口瘡酒醋為上以有苦味俗呼為苦酒米醋次之皆可入藥當取二三年者為良又有蜜醋糖醋

麥醋麴醋桃醋葡萄大棗蘡薁等雜果
及糠糟諸物會意皆可為醋亦極酸烈
止可噉之不可入藥大抵醋不可多食
積久成病凡氣痛而食之愈是大禍也

豆豉

豆豉味苦寒無毒主傷寒頭痛瘴氣惡毒
燥悶虛勞喘吸瘧疾骨蒸去心中懊惱
發汗殺六畜毒及中毒藥蠱氣各處所
造不一蒲州尤佳

蜜

蜜味甘平無毒微溫主心腹邪氣安五臟
益氣補中止痛解毒除衆疾和百藥養
脾氣明耳目除心腹煩飲食不下腸澼肌
痛口瘡有出崖石上者樹木上者土中
者人養者皆隨地土人事所出不同諸
家辯論未的要之當以花為主山野之
中花色良毒甚雜蜂必採其糞穢方得
成蜜其間必有制伏之妙不得而知故
夏冬為上秋次之春則易變而酸閩廣
蜜極熱以其龍荔草果檳榔花類熱多
雪霜亦少故也川蜜溫西南之蜜則涼
矣色白味甜汁濃而砂所以入藥忌葱
萵苣丹溪云蜜喜入脾食多之害必生
於脾東南地卑濕稟氣薄土生火宜也

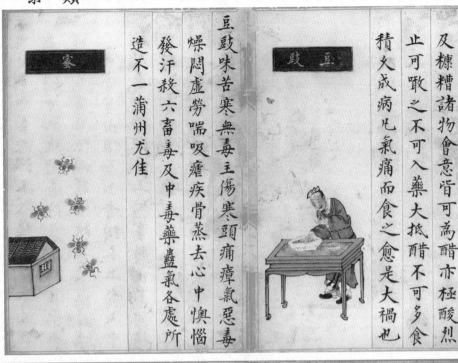

砂糖

砂糖味甘寒無毒性冷利主心肺大腸熱和中助脾殺蟲解酒毒多食損齒發疳心痛生蟲消肌小兒尤忌同鯽魚食成疳蟲同筍食筍不化成癥同葵菜食生流澼丹溪云砂糖甘屬土生濕濕生胃中之火所以損齒也

飴糖

飴糖味甘溫無毒入足太陰經有紫色濕軟者有白色枯硬者主補虛乏止渴消去惡血潤肺和脾胃魚骨鯁喉中及誤吞錢鐶服之出中滿不宜用嘔吐家忌之仲景謂嘔家不可用健中湯以甘故也糯與粟米作者佳餘不堪用多食發脾風丹溪云大發濕中之熱

芥辣

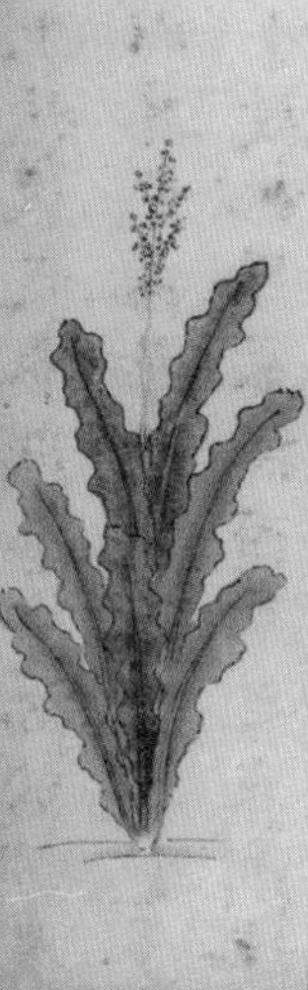

芥辣芥菜子研之作醬香辛通五臟歸鼻眼又可蔵冬瓜

茴香

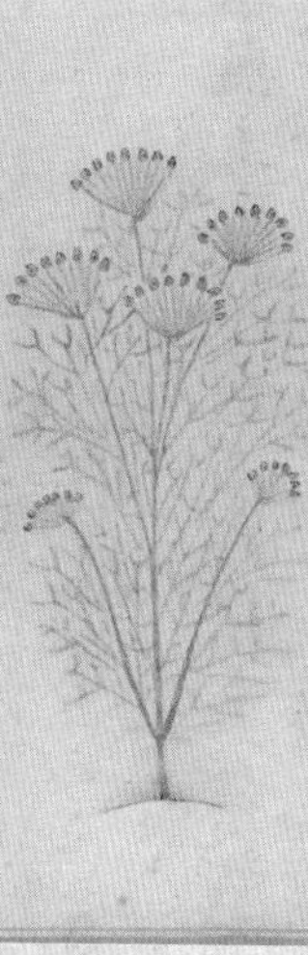

茴香味辛平無毒主破一切臭氣開胃下氣止嘔吐霍亂調中止痛主脚氣膀胱

冷氣腫痛或連陰髀引入小腹不可忍
腎勞瘕疝及惡毒腫痛

蒔蘿

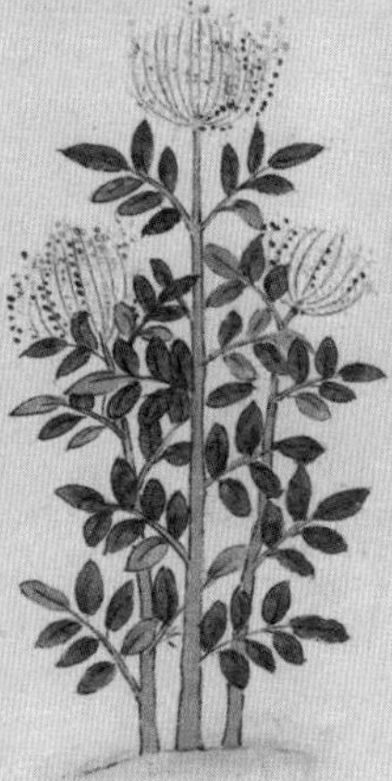

蒔蘿辛温殺魚肉毒健脾腹冷食不消霍
逆腎氣小兒脹

砂仁

砂仁味辛温無毒主下氣消食脾胃氣結
冷瀉腹痛

杏仁

杏仁味甘苦有小毒主下氣潤心肺散風
寒咳嗽消心下急痛散結潤燥通大腸
秘雙仁半生熟者勿食忌粟米

梅仁

梅仁味酸無毒能除煩熱

香油

香油冷無毒發冷疾滑骨髓發臟腑渴困
脾下三焦熱毒氣通大小腸殺五黃及

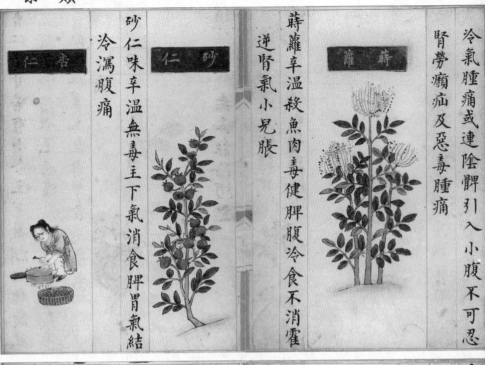

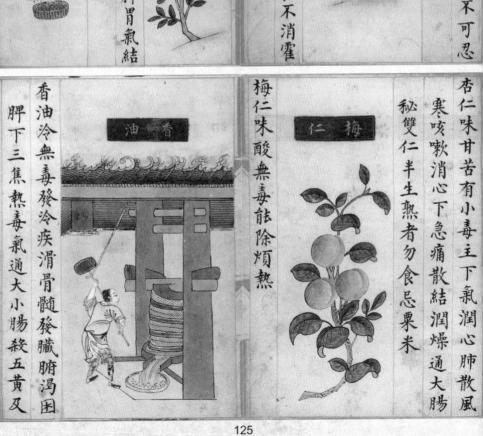

蛔心痛幷一切蟲生則冷熱則熱治飲食物須逐日熬熟用之經宿則動氣有齒牙脾胃疾者不可食丹溪曰香油須炒芝麻取之人食之美不致病若又煎煉食之與火無異予以芝麻大寒炒而取油其性仍冷復經煎煉固熱矣未必至於無異於火丹溪救時之弊其憂深言切如此

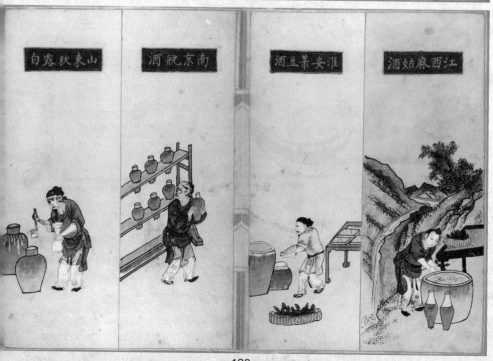

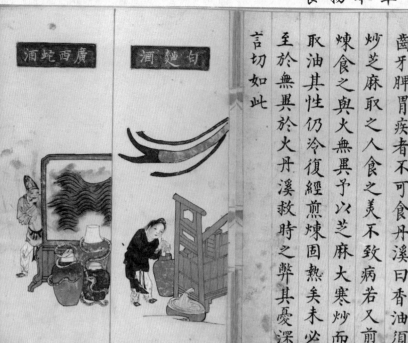

暹羅酒
紅麯酒
東陽酒
蘇州小瓶酒

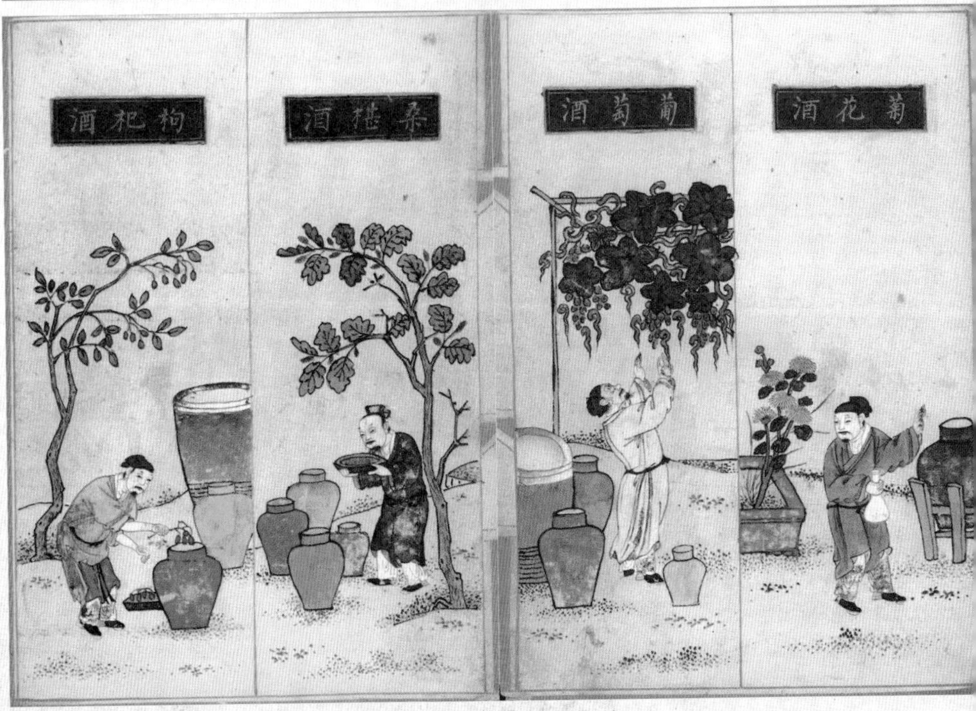
枸杞酒
桑椹酒
葡萄酒
菊花酒

酒大熱有毒主行藥勢殺百邪惡毒氣行
諸經而不止通血脉厚腸胃禦風寒霧
氣養脾扶肝味辛者能散為導引可以
通行一身之表至極高之分苦者能下
甘者居中而緩淡者利小便又速洩清
水白麴白糯米不犯藥物無醶潔水冬
月釀成此真正酒也少飲益人廣西蛇
酒壜上有蛇數寸許言能去風其麴乃
山中採草所造良毒不能無慮江西麻
姑酒以泉得名今真泉亦少其麴乃羣
藥所造浙江等處亦造此酒不入水者
味勝麻姑以其米好也然皆用百藥麴
均不足尚淮安菉豆酒麴有菉豆乃解
毒良物固佳但服藥飲之藥無力亦有
灰不美南京瓶酒麴米無嫌以其水有
醶亦着少灰味太甜多飲留中聚痰山
東秋露白色純味洌蘇州小瓶酒麴有
葱及川烏紅豆之類飲之頭痛口渴處
州金盆露清水入少薑汁造麴以浮飯
法造酒醇美可尚香色味俱劣於東陽
以其水不及也東陽酒其水最佳稱之
重於它水其酒自古擅名事林廣記所
載釀法麴亦入藥今則絕無惟用麩麪
蓼汁拌造假其辣辛之力蓼亦解毒亦

無甚碍俗人因其水好競造薄酒味雖少酸一種清香遠達入門就聞雖鄰邑所造俱不然也好事以清水和麩麵造麯米多水少造酒其味辛而不厲美好不甜色復金黃瑩徹天香風味奇絕飲醉並不頭痛口乾此皆水土之美故也紅麯酒大熱有毒發脚氣腸風下血痔瘻哮喘欬嗽痰飲諸疾惟破血殺毒辟

山嵐寒氣療打撲傷則尤妙也暹羅酒以燒酒復燒二次入珍貴異香每壜一箇用檀香十數斤燒煙薰之如漆然後入酒蠟封埋土二三年絕去燒氣取出用之有帶至舶上者能飲之人三四盃即醉價值比當數十倍有積病者飲一二盃即愈且殺蠱予親見二人飲此酒打下活蟲長二寸謂之鞋底魚蠱枸杞

酒補虛損去勞熱長肌肉益顏色肥健人止肝虛且淚菊花酒清頭風明耳目去痿痺開胃健脾暖陰起陽消百病葡萄酒補氣調中然性熱北人宜南人多不宜也桑椹酒補五臟明耳目狗肉酒大補然性大熱若陰虛人及無冷病人飲之成病豆淋酒以黑豆炒熟用熱酒淋之療男婦諸風產後一切惡疾酒不

可與乳同食冷氣急白酒同牛肉食腹内生蟲丹溪云酒濕中發熱近於相火喜升大傷肺氣助火生痰變為諸病又云醇酒宜冷飲先得溫中之寒以潤肺一盃也次得寒中之溫以養胃二盃也冷酒不可多飲三盃愚謂人只知不飲早酒而不知夜飲更不宜睡而就枕熱擁傷心傷目夜氣收斂酒以發之傷其

清明既醉既飽飲食聚中傷勞脾胃停濕生痰酒能生火助欲因而不謹致病朱子曰但以醉為節可也

糟

糟味鹹温中消食殺魚腥去菜毒潤皮膚調臟腑

蒙山茶

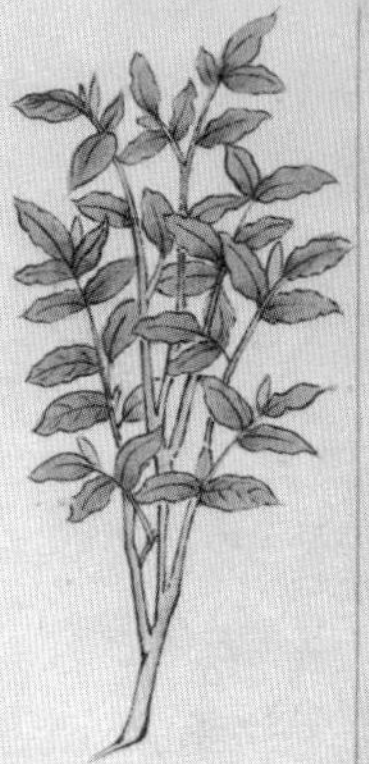

宜興茶

陸安茶

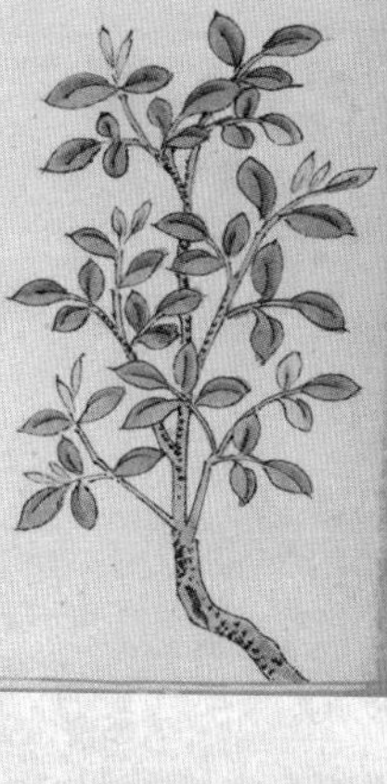

東白山茶

神華山茶

龍井茶

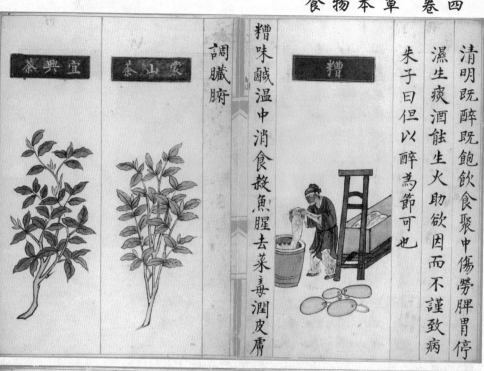

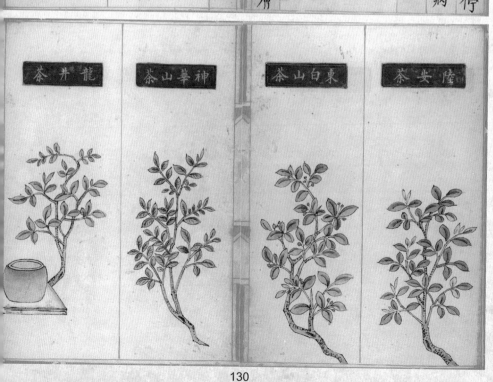

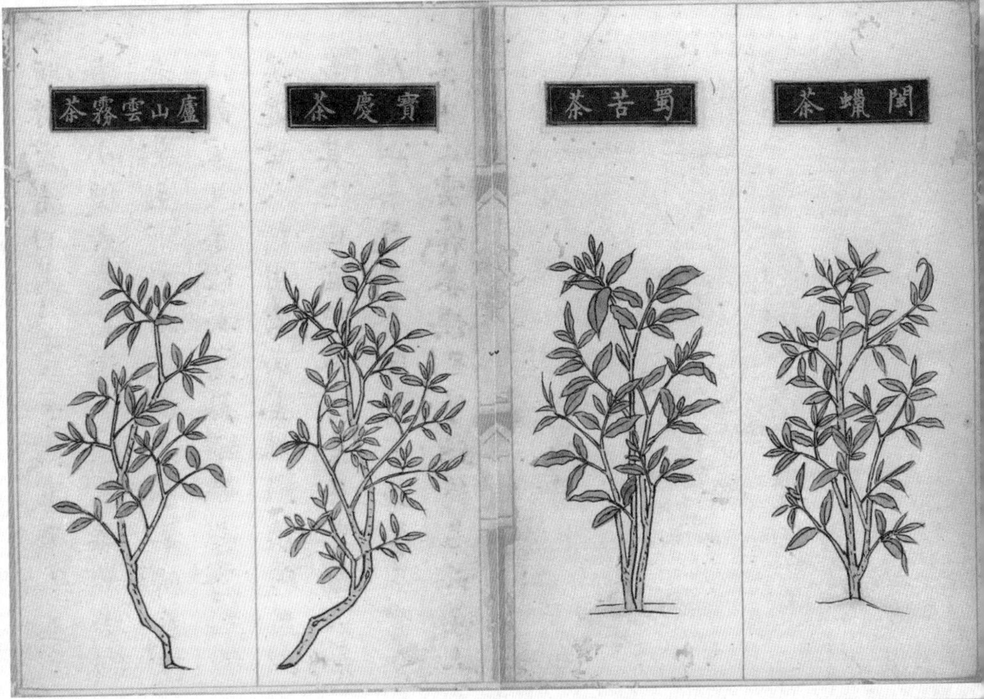

茶晚採麁者曰茗味甘苦微寒無毒主瘻瘡利小便去痰熱渴令人少睡早採細者曰茶主下氣消食已上本草所載後代諸家及茶經茶譜茶錄等書論悉備矣近世人所用蒙山茶性温治病因以名顯其它曰宜興茶陸安茶東白山茶神華山茶龍井茶閩蠟茶蜀苦茶寶慶茶廬山雲霧茶俱已味佳得名品類土產各有所宜性味不能無少異大抵茶能清熱止渴下氣除痰醒睡消食解膩清頭目利小便熱飲宜人冷飲聚痰久去人脂令人瘦又常聞一人好食燒鵝日常不缺醫者謂其必生脾肺癰疽後卒不病訪知此人每夜必啜凉茶一碗解之故也茶能解炙炒之毒於此可見矣

麵

麵味甘温調中下氣開胃化水穀消宿食
主霍亂心膈氣痰破癥結去冷氣治赤
白痢治小兒腹堅大如盤落胎下鬼胎
六畜脹者煮汁鑵之愈人反悶滿胃効
神於藥

酥

酥微寒甘肥補五臟利大腸主口瘡酪味
甘酸寒無毒主熱毒止渴觧散發痢除
胸中虛熱身面上熱瘡肌瘡醍醐主風

和脾氣通潤骨髓乳腐潤五臟利大小
便益十二經脉微動氣四種皆一物所
造牛乳羊乳馬乳或酪或合為之四種
之中牛乳為上羊次之馬又次之而則
乳性冷不堪入品矣衆乳之功總不及
人乳昔張蒼無齒置乳妻十數人每食
盡飽後年八十餘尚為相視事耳目精
神過於少年生子數人顛養之妙也

辣米

辣米味辛辣氣太熱有毒破氣燒脾發五
痔癰瘍昏耳目致浮腫虛恚子榨油味
甘温又愈百病

右五味所以調和飲食日用不可無

者素問曰陰之所生本在五味人之五宮傷在五味蓋人之有生賴乳哺水穀之養而陰始成乳哺水穀五味具焉非陰之所生於五味乎五味益五臟過則傷焉如甘喜入脾過食甘則脾傷苦喜入心過食苦則心傷鹹喜入腎過食鹹則腎傷酸喜入肝過食酸則肝傷辛喜入肺過食辛則肝傷非五宮之傷於五味乎況醬醋之味皆人爲之尤能傷人故曰厚味發熱人若縱口腹之欲飲食無節未有不致病而夭其天年者矣故飯糗茹草不害虞舜惡酒菲食不害夏禹蔬食菜羹不害孔子夫聖人尚如此況其下者乎所以然者又在於養心養心莫善於寡欲欲者飲食類也飲食不可絶而可寡也覽者宜自得焉。

食物本草卷四終

珍藏本草 22
(JP022)

食物本草

出版者：文興出版事業有限公司
總公司：臺中市西屯區漢口路2段231號
電話：(04)23160278　傳真：(04)23124123
營業部：臺中市西屯區上安路9號2樓
電話：(04)24521807　傳真：(04)24513175
E-mail：79989887@*lsc.net.tw*
網址：http://www.flywings.com.tw
發行人：洪心容
總策劃：黃世勳
主編：陳冠婷
執行監製：賀曉帆
版面構成：林士民
封面設計：王思婷
總經銷：紅螞蟻圖書有限公司
地址：臺北市內湖區舊宗路2段121巷28號4樓
電話：(02)27953656　傳真：(02)27954100
初版：西元2007年7月
定價：新臺幣320元整
ISBN：978-986-82920-8-6（平裝）

郵政劃撥
戶名：文興出版事業有限公司　帳號：**22539747**

國家圖書館出版品預行編目資料

食物本草 / 陳冠婷 主編. — 初版.—
臺中市 ： 文興出版，2007〔民96〕
面； 公分. —(珍藏本草：22)
ISBN 978-986-82920-8-6（平裝）
1. 食用植物
374.6 96007836

展讀文化出版集團
flywings.com.tw